图书在版编目（CIP）数据

我的心情日记/（英）菲尔恩·科顿著；（英）罗兹·艾维斯绘；白红红译.—青岛：青岛出版社，2024.4

ISBN 978-7-5736-1744-6

Ⅰ.①我… Ⅱ.①菲… ②罗… ③白… Ⅲ.①情绪—自我控制—少儿读物 Ⅳ.①B842.6-49

中国国家版本馆CIP数据核字（2023）第218728号

Copyright © Fearne Cotton, 2020
First published as YOUR MOOD JOURNAL in 2020 by Puffin, an imprint of Penguin Random House Children's. Penguin Random House Children's is part of the Penguin Random House group of companies.
山东省版权局著作权合同登记号　图字：15-2023-65号

书　　名	我的心情日记 WO DE XINQING RIJI
著　　者	［英］菲尔恩·科顿
绘　　者	［英］罗兹·艾维斯
译　　者	白红红
出版发行	青岛出版社（青岛市崂山区海尔路182号，266061）
本社网址	http://www.qdpub.com
邮购电话	0532-68068091
责任编辑	刘丽娅
装帧设计	矫　文
印　　刷	青岛名扬数码印刷有限责任公司
出版日期	2024年4月第1版　2024年4月第1次印刷
开　　本	16开
印　　张	14.25
字　　数	140千
书　　号	ISBN 978-7-5736-1744-6
定　　价	99.00元

编校印装质量、盗版监督服务电话　4006532017　0532-68068050

我的心情日记

[英]菲尔恩·科顿/著
[英]罗兹·艾维斯/绘
白红红/译

青岛出版集团 | 青岛出版社

献给雷克斯和霍尼

目 录

快乐 8

愤怒 36

恐惧 66

悲伤 96

兴奋 126

担忧 152

孤单 184

............................的

心情日记

作者的话

在这本书里,你会认识一帮新朋友。

其实你早就认识它们了,它们就是你的情绪。情绪就是那些每天和你形影不离的感受,但现在你有机会和它们更亲近些。

可能曾经有人告诉你,有些情绪是好的,有些情绪是不好的。其实所有的情绪都是正常的。只不过情绪可能常常会给我们带来困惑。有时,它们会突然出现,让我们不知所措;有时,它们会频繁出现,让我们感到孤立无援。在一天,甚至仅是片刻的时间里,我们可能就会有许多不同的感受。

其实,在这个世界上,不论谁都有自己的情绪。因此,尝试理解什么是情绪、知道它们从何而来,对我们来说至关重要。只有这样,我们才能成为最好的自己。

我写这本书就是为了让大家知道：不管我们处在什么情绪中，这都是再正常不过的事情。

情绪每天都伴随着我们，因此我们应该深入地去了解它。

很多人认为，有些情绪是好的，而有些情绪是不好的。然而，随着年龄的增长，我越来越觉得，所有的情绪其实都有其存在的原因。当我们反思自己为什么会有某些情绪时，我们就不难发现，即便是那些我们以为不好的情绪，最终也会成为特别的、有意义的体验。

和所有人一样，我也有过许多因为失去一些东西或人而感到特别伤心的时刻。但我很快意识到自己之所以伤心，是因为自己曾经拥有过这些特别的东西或人。伤心的情绪会让我们认识到自己在生命中曾经在意过什么。在过去的几年里，我有时也会感到很愤怒。但直到现在，我才发现愤怒其实也是一股非常强大的能量，它既可以帮我们做出积极的改变，又会激励我们为自己在乎的事情而奋斗。关于每一种情绪，以及哪些情绪更容易被我们感受到，我们需要学习的还有很多很多。

探索情绪会让你感到非常兴奋。在书写心情日记的时候，我希望你不但可以收获快乐，还可以更加理解自己那些美好的、睿智的、有用的情绪。

本书的每一章内容都聚焦于一种情绪，先是通过文字叙述让你了解这种情绪，然后会提出一些关于这种情绪的问题让你思考。

你不用一口气读完所有章节。你可以在自己有某种情绪时，翻到相应章节。

你可以随心所欲地使用这本书，在上面写写画画或者印画、粘贴，不受任何规则的束缚。这是你的日记，所以我希望你无拘无束地、以自己喜欢的方式来使用它。

你的日记会和其他人的日记完全不一样，因为你有自己独特的答案和表达方式。我们总会偏爱某些情绪，而且我们对情绪的喜好与家人和朋友的也会不同。与其他人相比，我们处在某种情绪的时间可能更短或者更长。所有这些都很正常，没有对错之分。

如果你愿意，你可以在家长的陪伴下完成这本日记。和家长一起讨论，不但可以帮助你理解自己的感受，还可以帮助你搞清楚自己为什么会产生这些感受。而且，你可能还会发现，交流能帮你更好地了解家长。

现在，请拿起一支笔——钢笔、铅笔或彩笔都可以，准备和你的情绪成为好朋友吧。毕竟，所有的情绪都很棒！因为它们，你才会不断地去尝试新东西，去学习、成长，发现那个最真实的自己，你的生活才会成为一场盛大的奇遇。

菲尔恩

嘿，嘿，嘿，我是**快乐**。

我可能是你最想拥有的情绪！

每当朋友和你说贴心的话或者老师夸赞你做得很棒时，你就能感受到我的存在。我也会因为你吃到了美味的冰淇淋或者收到了新玩具而出现，但我不会一直伴随着你。我喜欢来来去去，往往会给你带来惊喜。

有好事发生时，我会出现，但有时我也会不期而至，突然出现。我就喜欢这么出其不意地给你带来欢心的时刻。

我总是潜伏在你的周围。如果偶尔见不到我，你也不用太担心。如果现在我在你身边，那你就欣然地接受我，享受这每一分每一秒，而不要去想未来会怎样以及我什么时候又会悄然离去。我总会时不时地出现在你的生活里。因此，放宽心，我们会相处得很开心。

写一写或者画一画你想象的快乐的模样。

练习 1

上一次你感到很开心是什么时候？

写一写你开心时的感受以及是什么事情让你感到很开心。

练习 2

把开心的感觉想象成水,然后在下面这个杯子里涂出你今天的开心程度。涂满整个杯子代表你今天非常开心,涂得离杯底很近就代表你今天不是那么开心。

答案没有对错之分。只是想看看,你这一刻有多开心。

练习3

当你觉得很开心时,你身体的哪些部位会感受到呢?给那些区域涂涂色吧。记得,不要忘记画你的脸。如果不知道怎么画,你可以找面镜子并做出快乐的表情。你的嘴巴是张开的还是闭上的呢?它是什么形状的呢?

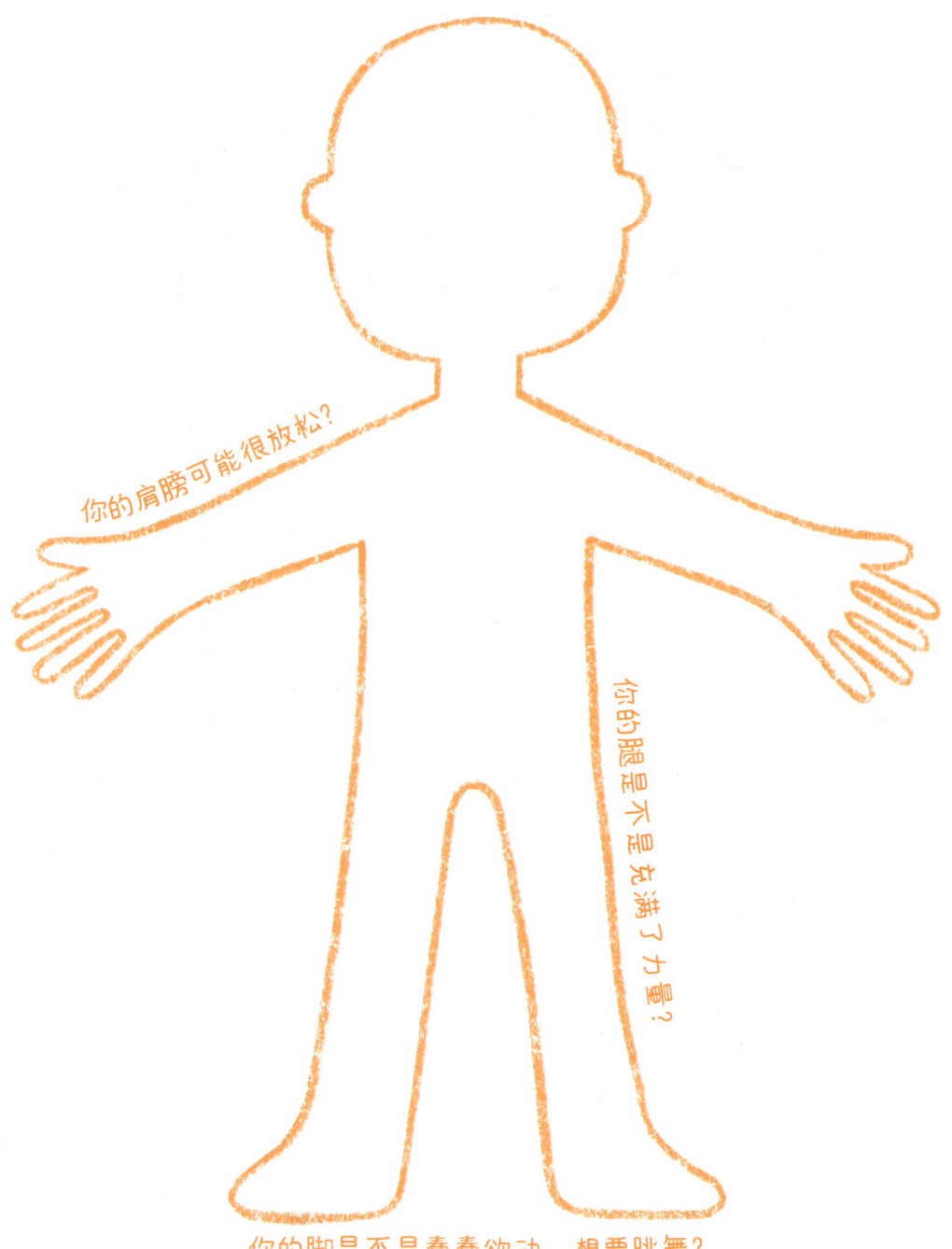

练习 4

生活中，有没有人总让你觉得和他们在一起很开心？他们是谁？写一写他们的特点，并且说一说为什么他们让你感觉这么好。

你可能也是那个会让其他人感到开心的人哟！

练习 5

　　画一幅能让你大笑的图画。它可以是想象出来的动物、憨憨的脸或者好玩的记忆。任何让你发笑的东西都可以。

练习6

你有过害怕失去开心的感觉吗？即便有，这也很正常。快乐的感觉总是来来去去，这没什么大不了的。给下面"开心"这个词涂色。在不开心的时候你也要知道，快乐总会重新回到你的生活里。

练习 7

这是你的开心回忆页。

用那些让你感到开心的东西填满这里吧。你可以画物品、人、地方、开心的回忆……画任何你能想到的事物。当你感到沮丧时,你可以翻开这一页,重温一下这些让你感到开心的事物。

练习 8

你能想到其他表示"开心"的词吗？在下面写一写吧。

愉快

喜悦

练习 9

不是只有相机才能记录开心的时刻。你可以在脑海里抓拍自己开心的时刻并且把它们储存在记忆里。下次你感到很开心的时候,不妨眨眨眼睛,把你当时在干什么以及你的感受记录到大脑里。然后,翻到这一页,把那一刻的记忆画或写到下面的照片纸上。

练习 10

　　这是一个非常酷的秘密：小孩子通常比大人更容易无缘无故地感到开心。你还记得自己上一次无缘无故地感到开心的时刻吗？在下面写一写。

练习 11

你的快乐老家在哪里?

在你家里的某个地方吗?在一个亲戚的家里?又或者是什么地方呢?把你的快乐老家画下来吧。

练习 12

　　回忆那些我们感恩的事情会让我们感到开心。想象一下，下面是一个可以放飞的感恩气球，把那些你感恩的事情都写到这个大气球里面吧！

练习 13

我们可能认为只有那些发生在生活中的重大事情才会让我们感到开心。其实，一些小事常常也会给我们带来快乐。在小老鼠的旁边写下那些让你感到开心的小事，然后在大象的旁边写下那些让你有同样感受的大事吧。

练习 14

不开心时,我们可能不知道怎么做才能找回快乐。这时,我们可以先从微笑开始。在下面画一张自己的笑脸。你可以先从镜子里看一下自己微笑的样子。

科学研究证实,微笑的确可以提升人们的快乐水平。

练习 15

大笑总能让我们变得开心。在下面写出让你感到最好笑的记忆。是什么事情这么好笑呢?

自己笑或者逗别人笑,都可以让我们感到开心。如果你的朋友情绪有点儿低落,请试试逗笑他们。这样,你们双方都会收获快乐。

练习 16

　　成就感也可以让我们感到快乐，这种成就感也许是学会了新东西，也许是战胜了自己的恐惧。在下面的空白处写一写或者画一画上一次你为自己感到骄傲的时刻。

记住：进步有时候和成就一样重要。或许你还没有完全达成自己的目标，但你也可以为自己取得的阶段性进步而骄傲。

练习 17

　　快乐很有感染力、容易传播。在这一刻,你认为身边哪位朋友可能需要你给他鼓鼓劲儿呢?在下面空白的地方给这位朋友写一封信。你可以写一写你们共有的开心记忆,或者说一说他曾经给你带来的快乐。

练习 18

你的开心日记。

从今天开始,连续五天写下当天让你开心的事情。这个周结束时,你可能就会找到一个让自己快乐的模式。这样,在以后的日子里,你就可以利用这个模式帮助自己找回快乐了。

第一天	
第二天	
第三天	

第四天	
第五天	

快乐的方式有很多。

达成目标可以让我们快乐。当你完成某件事情时,你会感受到快乐。比如:你整理了自己的房间或者完成了作业。

亲密感也可以带给我们快乐。比如:你抽时间陪伴家人时会感受到快乐。沉浸感也能给我们带来快乐。当你投入地做一些有趣的事情时,不论是大事还是小事,你会感受到快乐。

练习 19

哪些颜色会让你感到开心？

选择让你开心的色彩来给下面的太阳涂色。

试着通过各种各样的方式把这种颜色融入你的生活。

或许你可以试着用这种颜色重新布置你的卧室。

或许下次你可以选这种颜色的书包……

即便把它融入很小的东西，比如换个这种颜色的钥匙圈，也可以帮助你找到快乐！

练习 20

试试看，今天你可以让多少人变得开心呢？

或许你可以对路过的人微笑，
或许你可以和别人分享你心爱的东西，
把传播快乐当成你今天的使命吧！

不要忘记……

感到开心是很美好的事情，尤其当我们不再担心会失去它。记住：快乐就是这样来来去去的。我们总是希望美好的事情不要结束，但可能只有这些事情结束了，新的美好的事情才会发生。

关于快乐，我最喜欢的是，它有时候来得没有缘由。当你静静地坐在太阳底下的时候，当你漫步在雨中的时候，快乐可能突然不期而至。好好留意这些时刻并享受那每一分每一秒。

要点笔记

哟，我是愤怒！

我有很多很多话要说!

我总是带着很多能量而来,可能会让你感觉很热、很紧张,甚至产生想要扔、砸和推东西的冲动。如果你实在不知道该拿我怎么办,你可以找块空地跑一跑、原地跳一跳,或者用力地摇一摇自己的手臂。这些都可以帮你释放我带来的能量。

我的出现可能源于你对一些事情的强烈感受,比如你想得到些什么、说些什么或者可能你觉得自己受到了不公平的待遇。我的出现能让你意识到自己对某些事情很在意,因此我也并非完全是负面的。

你在生气时可能会随口说一些话,而事后又很后悔那样说。所以,当你感到愤怒时,不要冲动,记得一定要调整呼吸,给自己一个缓冲的机会,仔细想想究竟该说什么。

虽然我会给你带来十分强烈的感受,但我最终还是会离开,你也会冷静下来。我一般不会一直黏着你,毕竟我还得去拜访其他人呢。

愤怒在你看来是什么样的呢?
写一写或者画一画吧!

练习 1

你上一次感到生气是什么时候?

当时发生了什么事情让你感到生气?
把当时发生的事情写下来。

练习 2

你身体的哪些部位感受到愤怒了呢？在下图中给这些部位涂涂色吧。记得，不要忘记画你的脸。如果不知道怎么画，你可以对着镜子做出生气的表情来参照。你愤怒时会皱起眉头吗？你的嘴巴是张开的还是闭着的呢？你的眼睛是大大的还是小小的呢？

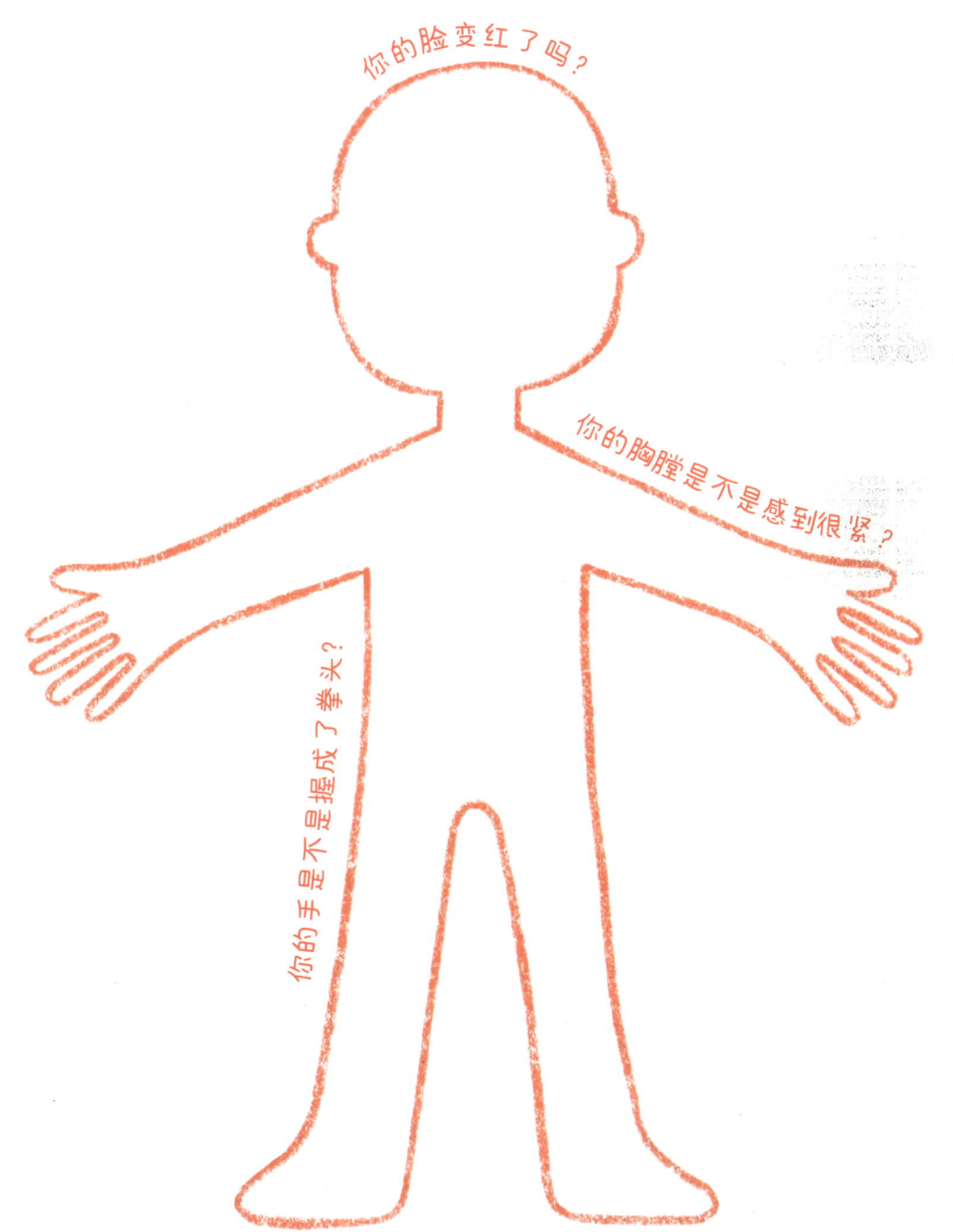

练习 3

你的愤怒情绪持续了多久?在这期间它有什么变化?如果有,那它是怎么变化的呢?写一写吧。

练习 4

下面是一个情绪测试计。我们可以用它来测测生气时我们身体的变化。

当你愤怒到极点时,你会有什么感受?你会做些什么?写一写吧。

....
....
....
....

当你开始生气时,你的身体或行为会出现哪些变化?写一写吧。

....
....
....
....

当你平静下来时,你身体的感受如何?写一写吧。

....
....
....
....

练习5

　　身边的什么东西能帮你平静下来？一个人？一个地方？又或许是一件物品？在下面的方框里画一画吧。

你可以在心情平静的时候试着去想象这些东西，以此来加强自己感受平静的能力（就好像正在放松地练习一首钢琴曲！）。

练习6

假如现在你正在生气,请你尝试着把手放到下面的平静按钮上,然后很慢很慢地深呼吸5次。这样做之后,你觉得自己比刚才平静了一些吗?

练习 7

你是否曾经因为事情没有按照自己的意愿进行而生气？

例如：或许是爸爸妈妈不让你做你想做的事情，又或许是你的朋友不想玩你提议的游戏。不管是什么，把当时发生的事情写下来或画下来。

练习 8

你知道为什么你不能随心所欲地做所有自己想做的事情吗?想象一下,如果所有事情都按照你的意愿来进行,你的父母和朋友会有什么感受呢?当他们拒绝你的时候,他们有给出理由吗?

练习9

把愤怒用语言表达出来可以帮你冷静下来。事实上，研究发现，仅仅说出"**我现在感到非常生气**"就可以帮你更好地管理自己的情绪。

在下面写出你能想到的用来描述生气状态的词语，越多越好。

怒发冲冠

恼羞成怒

愤慨不已

练习 10

画一个会让你产生求生欲的动物。在变得生气、担忧或者害怕的时候,我们的身体会进入所谓的"求生模式"甚至"老虎模式"(是指当我们觉察到或遇到危险时,身体会产生应激反应,准备像老虎那样去搏斗和反击,以便更好地保护自己)。远古时期,人类在荒野中面对野兽时便会进入求生模式。

在求生模式下,我们很难冷静地去思考问题,除非我们恢复到安全状态并冷静下来。下次遇到这种情况时,试试看你能不能察觉到自己的感受,并识别出这是求生模式。

练习 11

我们生气时可能会说出一些气话，事后又会后悔那样说。在下面圈出你生气时说过的话，再写写你自己生气时经常会说的话。

这不公平！

为什么我从来都不能做自己想做的事情？

不管你允不允许，我都要做。

练习 12

 向那些被愤怒的你伤到的人道歉,可以很好地帮助生气的你恢复平静。

 你需要向谁道歉吗?如果有,那就在下面画出那个人并写下你想和他说的话。

有时,向别人说"对不起"会让你觉得难为情。如果你觉得自己做不到当面表达,也可以用留言或者画画的方式来表达自己的歉意。

练习 13

你是否曾因为不知道怎么解释自己的感受而生气？请把你曾经想对别人解释的某件事情画下来吧！

练习 14

下次生气的时候,你可以试着这样做:在合适的地方平躺,把头枕在枕头上,深吸一口气到腹部,然后慢慢地吐气,想象自己正在把一艘纸船吹过一个池塘。重复这样的动作4次,尝试去感受自己渐渐变得平静。

在下面画一艘池塘里的小船。

练习 15

　　你曾因为做了错事或者无法很好地完成一些事而感到生气吗？在下面写一写当时是什么事情让你感到难以完成。

练习 16

你的进步表。

下次碰到棘手的事情时,你可以用一下下面这个记录表。试着持续一周每天去完成相应的练习,然后在这里写下你的感受。

在这一周内,你有进步吗?你生气的情绪有缓解吗?

任何时候,只要你感到生气了,就可以做一做练习14和练习16。

第一天	
第二天	
第三天	

第四天	
第五天	
第六天	
第七天	

练习 17

　　这是一棵很漂亮的柳树。它的枝条在微风中轻轻地舞动着。看看这棵树,并深深地吸一口气,然后把你所有的愤怒都吐出来,吐进这棵树里面。想象一下,你的怒气随着飘动的枝条消散了。告诉自己,这棵树吸收掉了你的愤怒,让你变得平静。

练习 18

有很多方法可以帮你摆脱愤怒的情绪，比如倾听某种声音。有没有哪种声音让你听了以后会感觉平静一些？或许是一首特定的歌曲？或许是雨落的声音？或许是某一种乐器的声音？在下面写下专属于你的声音。下次感觉自己快要生气时，你就去听听这种声音。

练习 19

你可以通过给下面这个漂亮的图画填色来消除你的愤怒,平复自己的情绪。记得选那些让你感到开心的颜色来涂。

练习 20

有时看看自己喜欢的照片或图画也能改善心情。打印一张自己喜欢的照片或者从杂志里剪一幅自己喜欢的图画，贴到下面的空白框里。它可以是记录你的度假时光的照片，也可以是你喜欢的小动物，或某个地方的照片或图画。每当你需要的时候，就来看一看这张图片，回想一下那些曾经给你带来美好的事物。

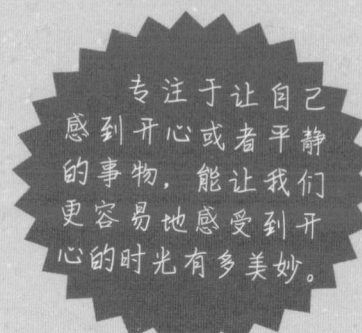

专注于让自己感到开心或者平静的事物，能让我们更容易地感受到开心的时光有多美妙。

练习 21

你是不是觉得不管哪位朋友都有生气的时候？

你可以问问朋友为什么生气。你还可以和他聊一聊什么能帮他平静下来。和朋友讨论自己的感受可以让我们知道自己并不孤单。在下面记录与朋友的对话。当我们去分享感受和寻求帮助时，我们通常会感觉好很多。

1.

2.

3.

4.

5.

6.

7.

8.

9.

10.

11.

12.

13.

14.

练习 22

愤怒有时会让我们以为自己有很多很多能量。

下次当你意识到愤怒正悄悄溜进你的身体时，你可以做一做下面的动作。

原地跳 25 次。

像拳击手一样击打空气 30 次。

3

抖动你的手臂和腿 40 秒。

4

做完这些动作后,你觉得自己平静一些了吗?如果没有,你还可以试试自创一些动作(要确保有足够的空间做这些动作而且这些动作是安全的)。

不要忘记……

生气的人也会给周围的人带去困扰。但是，愤怒的情绪有其存在的必要。有时我们会生气可能是想掩盖其他情绪，比如恐惧或者忧伤。这时，我们可以闭上眼睛，深深地吸一口气，然后和别人聊一聊自己的愤怒，试着搞清楚自己为什么会生气。和你交谈的人或许也有过这样的感受，可以帮你找到解决的办法。

愤怒的情绪还会给我们的身体带来变化，有时做做运动也能帮我们摆脱愤怒。

要点笔记

你好，我是恐惧。

那是什么？

有人吗？

我听到了什么！

噢，原来是你！

　　你可能已经察觉到了，我常常会让你心跳加速、身体发颤以及浮想联翩。当我出现时，你会过度发挥想象力，臆想出很多未必会发生的事情。特别是当你晚上准备睡觉时或一个人待在房间里时，你对我的感受会更强烈。对此我很抱歉。当你看到或听到一些惊险刺激的故事情节时，我也会出现。遇到我，你很难保持头脑清醒或镇定下来。不要担心——只要记住，许多让你害怕的事情根本就不可能发生，那些只不过是你的想象而已，我也不会久久地缠着你。

　　写一写或画一画你眼里恐惧的样子。

练习 1

请画出你目前害怕的东西。

练习 2

你身体的哪些部位会对恐惧做出反应呢?给那些部位涂涂色吧。记得,不要忘记画脸上的表情。如果不知道该怎么画,你可以对着镜子做出恐惧的表情。你的眉毛是上扬的还是下垂的?你的嘴巴是张开的还是闭着的?

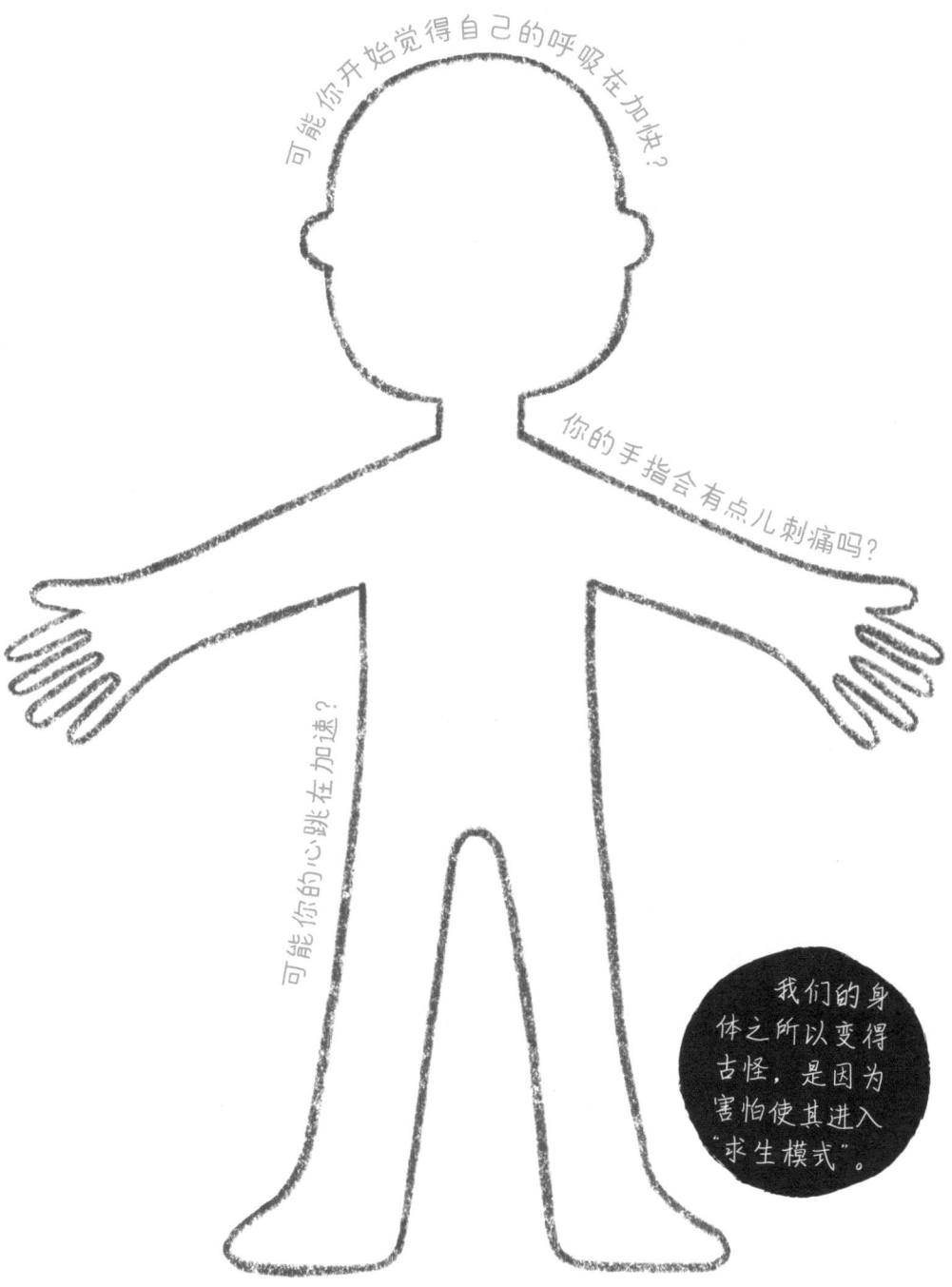

练习3

你会因为未来可能会发生的一些事情而感到害怕吗?

你认为让你害怕的事情真正发生的可能性有多大?

选一选。

☐ 不可能发生

☐ 不太可能发生

☐ 不太确定

☐ 可能发生

☐ 很有可能发生

练习 4

利用恐惧消除器缓解恐惧情绪。

闭上眼睛,把手放在恐惧消除器的按钮上,停留 30 秒。同时,想象着你最害怕的东西正在慢慢地离开你,直到其完全消失。请记住,无论何时,只要有需要,你就可以回到这里开启一下这个按钮。

练习 5

把你最喜欢的玩具拿过来。

躺在床上、沙发上或者地板上,把你深爱的玩具放在肚子上,深深地吸一口气,看着玩具随着你的肚子慢慢地升起来。然后,慢慢地、悠长地吐一口气,看着玩具慢慢地下沉。持续地吸气和呼气,并感受恐惧正在悄悄离去。

练习 6

　　在下面的气球里画出或者写出你的恐惧。如果你有很多恐惧,那就都记录下来。记下后,想象着这些气球飘入高高的天空中。它们飘得越来越高,变得越来越小,同时你的恐惧也随之变小,直到消失得无影无踪。

练习 7

　　这是一架克服恐惧梯。在梯子的顶端,写下让你害怕但又想挑战的事情。想一想怎样才能完成挑战,在梯子的每一阶上写下一个可以帮助你成功的小步骤。

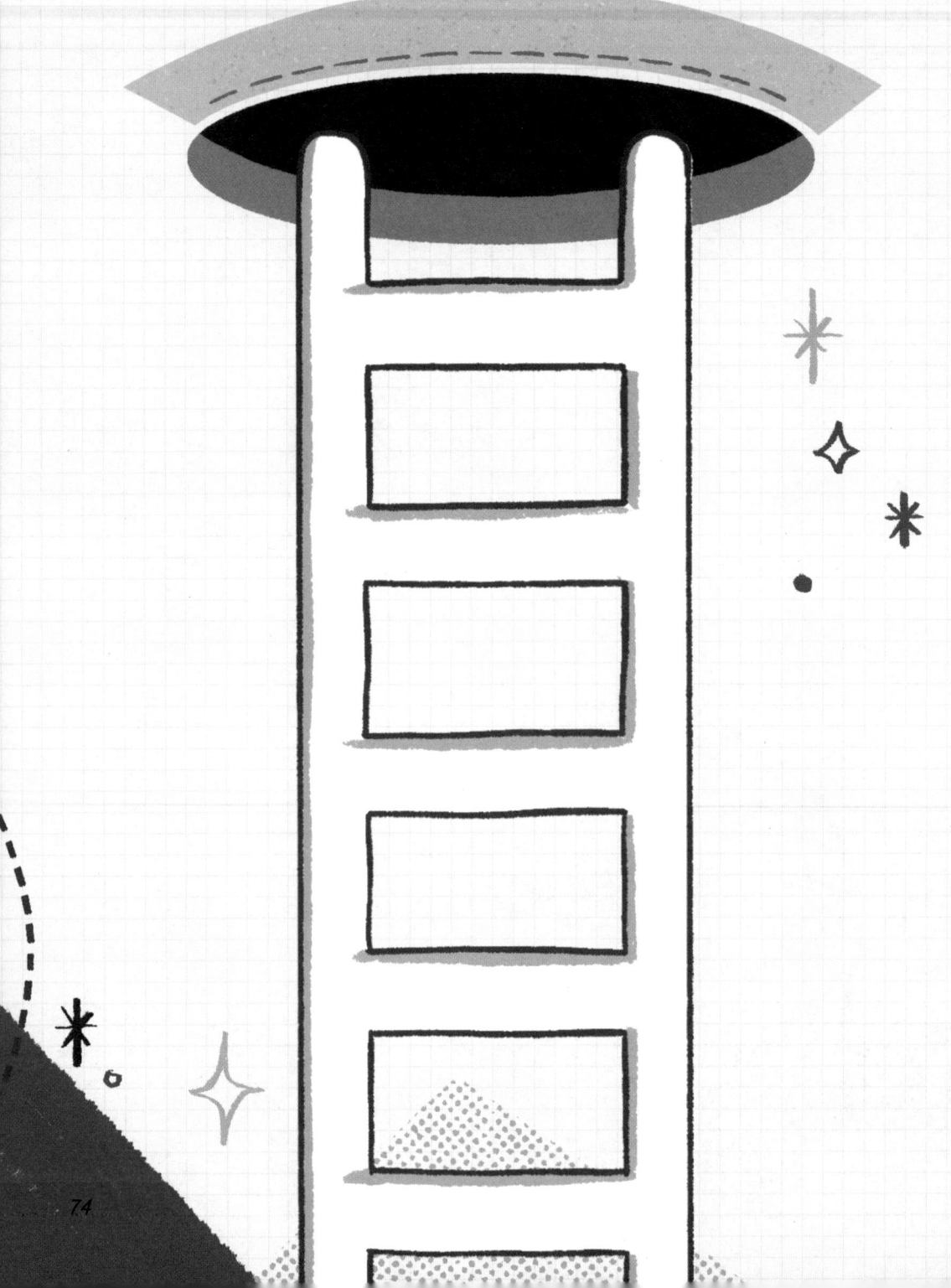

练习 8

你还记得自己何时表现得很勇敢吗？先在最上面的框中写下当时让你害怕的东西；然后在中间的框里写下你是如何表现得很勇敢的，以及是什么帮助你克服了恐惧；最后，在最下面的框中写下事后你的感悟。

害怕时，试着去想想自己以前很勇敢的时刻——你就知道，自己可以再次变得很勇敢。

练习 9

装饰保护盾。

你的盾可以保护你不被恐惧打倒。用自己喜欢的颜色来装饰它。你还可以用贴纸、能让你变勇敢的词语以及那些在家中随手就能找到的东西去填满它,让它变得更有质地、更强韧。

练习 10

建造力量塔。

将砖一块一块精心地垒起来,建造一个坚固的力量塔。在每块砖头里写下一个能给你带来安全感的东西。它可以是一个物品、一个人、一只动物或者一种颜色。然后,请尽情地去装饰你的塔来放松你的大脑。

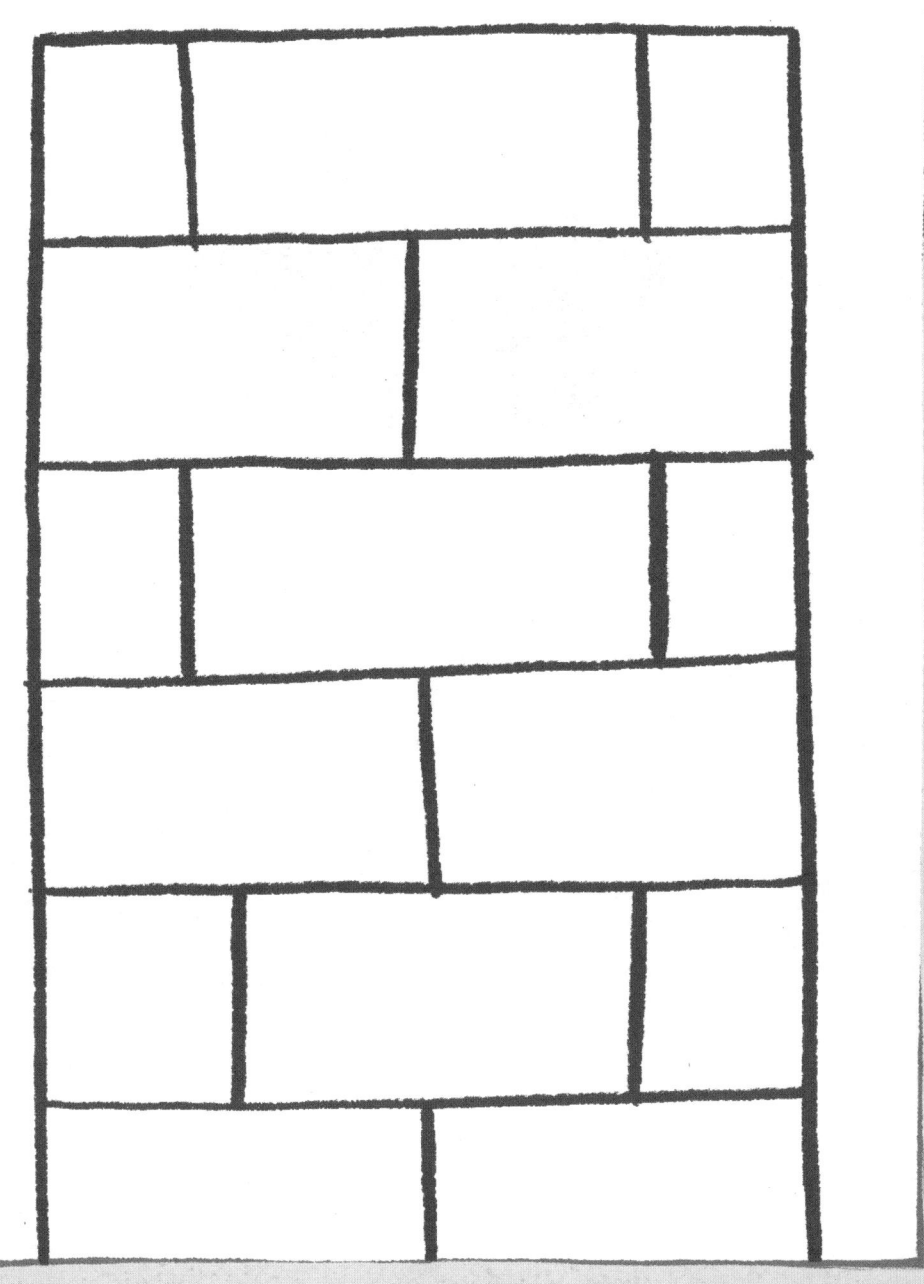

练习 11

坐在椅子上,想象你的脚底长出了很多很多的根,这些根扎进了地里给你力量,让你变得坚强。当你扎根到地里,你就会觉得很安全、很坚强,这样恐惧也就不会一直困扰着你了。试着一边想象自己在生根,一边给下面的根涂色。请尽情地装饰这些根吧!

练习 12

想一想,谁能给你带来安全感?

1.	他们叫什么名字?

2.	在这里把他们画下来。

3.	为什么他们能给你带来安全感?

4.	在你感到恐惧的时候,他们是怎么帮助你的?

练习 13

在1号框中写一个关于你害怕的东西的小故事。写一写你害怕什么,以及你认为可能发生什么。

然后,在 2 号框中写出同一个故事的不同版本,给它增加些喜剧色彩。

例如:如果你在 1 号框的故事里写了一个总是在晚上出现的怪物,在 2 号框的故事里你可以把这个怪物写成穿着蓬蓬的内裤,或者写成当这个怪物试着进入你的房间时,它踩到了香蕉皮,滑了一跤,然后摔出了窗外。

恐惧可以分成**两类**：**有益的恐惧**和**无益的恐惧**。

有益的

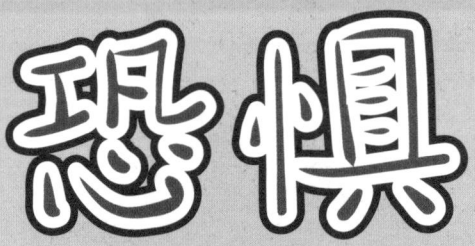

有益的恐惧是指你对一些事情的担忧能让你在危机来临之时做好准备。

无益的

无益的恐惧是指你对某些事情产生的莫须有的害怕。那些事情并不会真的威胁到你，你也没有必要为其做出改变。

练习 14

想一想哪些事会令你害怕，分析一下你的哪些恐惧是有益的、哪些是无益的，然后把它们分别写到下面的栏目中。

有益的恐惧	无益的恐惧

练习15

你觉得什么可以帮助你缓解恐惧呢?
将你的想法写一写、画一画。

练习 16

在这里写下你要好的朋友的名字：

下次见到他们的时候，你可以问问他们害怕什么，并写到下面：

写一写你为什么喜欢他们：

关于朋友害怕的事情，你会和他们说些什么呢？他们对让你害怕的事情和你说了些什么呢？

练习 17

当你不断地重复一句话,你的大脑就会相信这句话是对的。下一次,当你再有那种无益的恐惧感时,你就可以不断地重复"我很安全"这句话来消除这种恐惧。给它涂上明艳、快乐的色彩吧!

练习 18

做个舒适页。

把任何让你感觉舒服的东西画在下面。你可以画玩具、喜欢的某种运动、家人或者某个地方。试着尽可能地把你的**舒适**页做得明媚、多姿多彩并且充满乐趣。

练习 19

放飞你的专属魔法纸飞机。

你想要克服某种恐惧吗?

在这个泡泡里写下你想克服的恐惧,然后用这架魔法纸飞机把它放飞到天上。想象一下,你的恐惧飞远了,飞到了千里之外。

练习 20

写一写你的恐惧日记。

每当感到恐惧的时候,你就在这个日记里做一些关于自身感受、消除恐惧的方法等的记录。坚持 7 天,用这个日记来记录你的感受并了解哪些练习在管理你的恐惧情绪上最有效。**经过练习,你有没有发现自己有什么积极的改变?**

第一天	
第二天	
第三天	

第四天	
第五天	
第六天	
第七天	

不要忘记……

我们在人生的各个阶段都可能遇到让自己害怕的事物。小时候我们可能会害怕狗或者蜘蛛，也可能会害怕在全班同学面前讲话。我经常会在开始一份新工作和面对一个新集体的时候感到害怕。我害怕自己会做得不够好，也担心自己交不到朋友。在这些情况下，我们最好去回想一下自己之前有过的勇敢表现。

那些勇敢的表现让我们意识到自己有能力克服恐惧，美好的事物必将到来。我还发现，和信任的人谈论自己的恐惧也能帮自己更好地面对恐惧并找到继续前进的方向。

要点笔记

哼，哼，嗨，呼呼，我是**悲伤**。

我会让你有点儿想流泪。

大多数人都不喜欢我。我会让人们掉眼泪还流鼻涕,让他们感觉什么都不想做,情绪变得低落。

我出现的原因有很多,有时是因为一些不好的事情发生了,比如你最喜欢的玩具坏了或者你摔了一跤。我通常不会停留太长时间,只要你开怀大笑一下,我就会被赶走,或者我会随着时间的流逝而自动离开。

有时候我会停留得久一些。事实上,当一些特别重大的事情发生时,比如失去了很爱很爱的人,你可能会久久地陷入悲伤的情绪里。要接受这些事情可能真的很困难,这时你可以放声大哭,把情绪释放出来。

我知道,没有人真的期待我的光临,但请记得:当我真的来了,也没关系,你不用为此感到不安和羞愧。不过,即便感到悲伤是一件再正常不过的事情,但如果你的这种感觉一直非常强烈而没有减弱的趋势,那你可能需要和你信任的大人聊一聊,看看他们是否可以帮助你。

悲伤在你看来是什么样子的呢?
写一写或者画一画。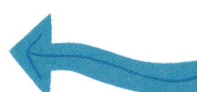

练习 1

什么会让你感到伤心？

画下来或者写下来。

练习 2

你今天感到伤心了吗?

想象一下,这些弹珠代表着你的感受。用一支蓝色的水彩笔给它们涂色,显示你现在的伤心程度。

记住,你想涂多少就涂多少,没有对错。

练习3

你身体的哪些部位会感受到悲伤呢?给那些区域涂涂色吧。记得,不要忘记画你的表情。如果不知道怎么画,你可以对着一面镜子做出悲伤的表情。你的眉毛是上扬的还是下垂的?你的嘴巴是大大的还是小小的呢?

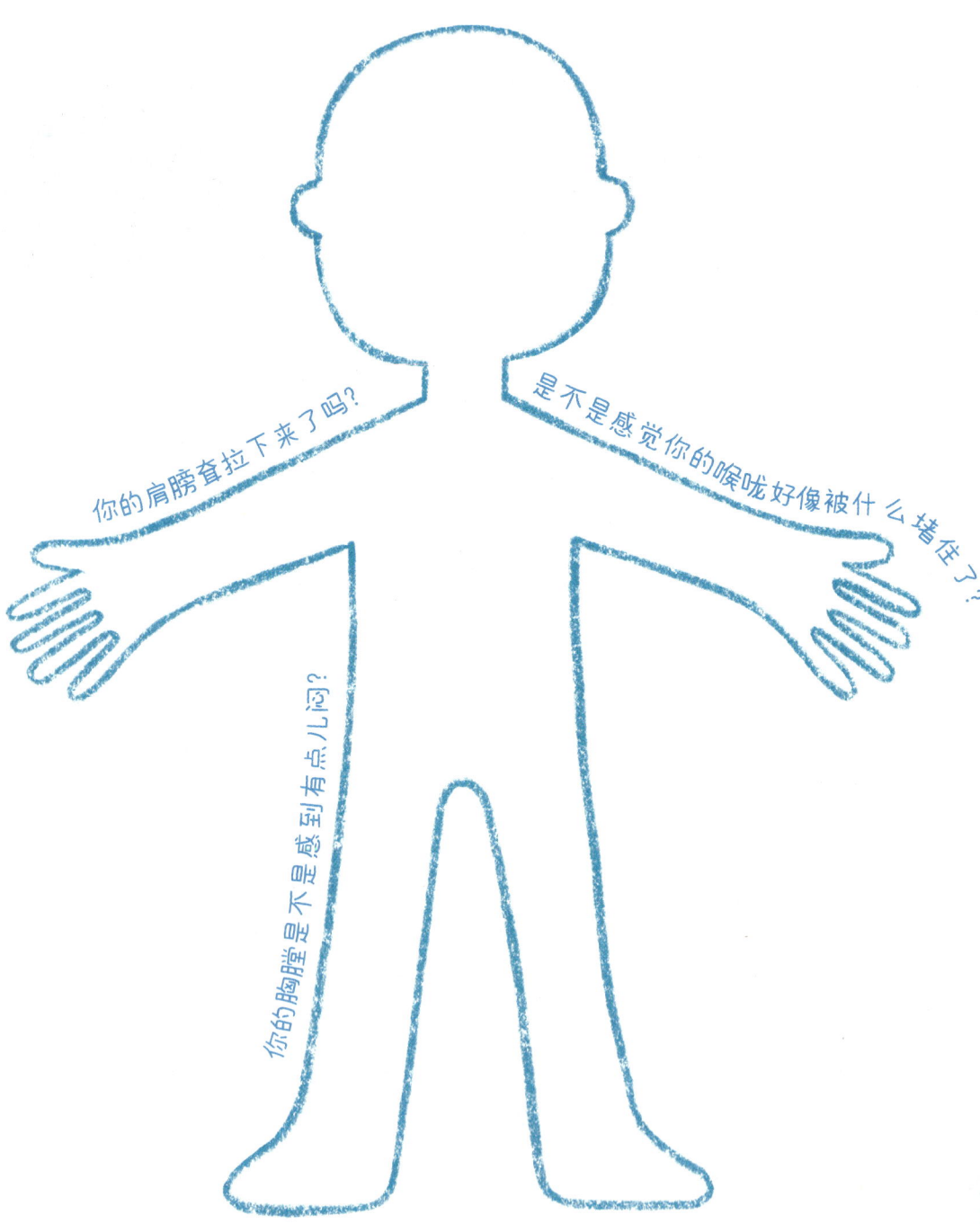

练习 4

写一写你时常会想到的伤心事。

你觉得这件事为什么让你伤心呢?

当生活出现变故时,有时那些快乐的记忆也会让你感到悲伤。不要太担心:过段时间,你往往就会重新发现这些记忆的美好了。

练习5

你上次哭是什么时候?**永远都不要害怕**流泪。你不必因为流泪而觉得羞愧或者不安。给下面这些小的泪珠涂色,然后在那些大的泪珠里写下你上次哭的时间以及哭的原因。

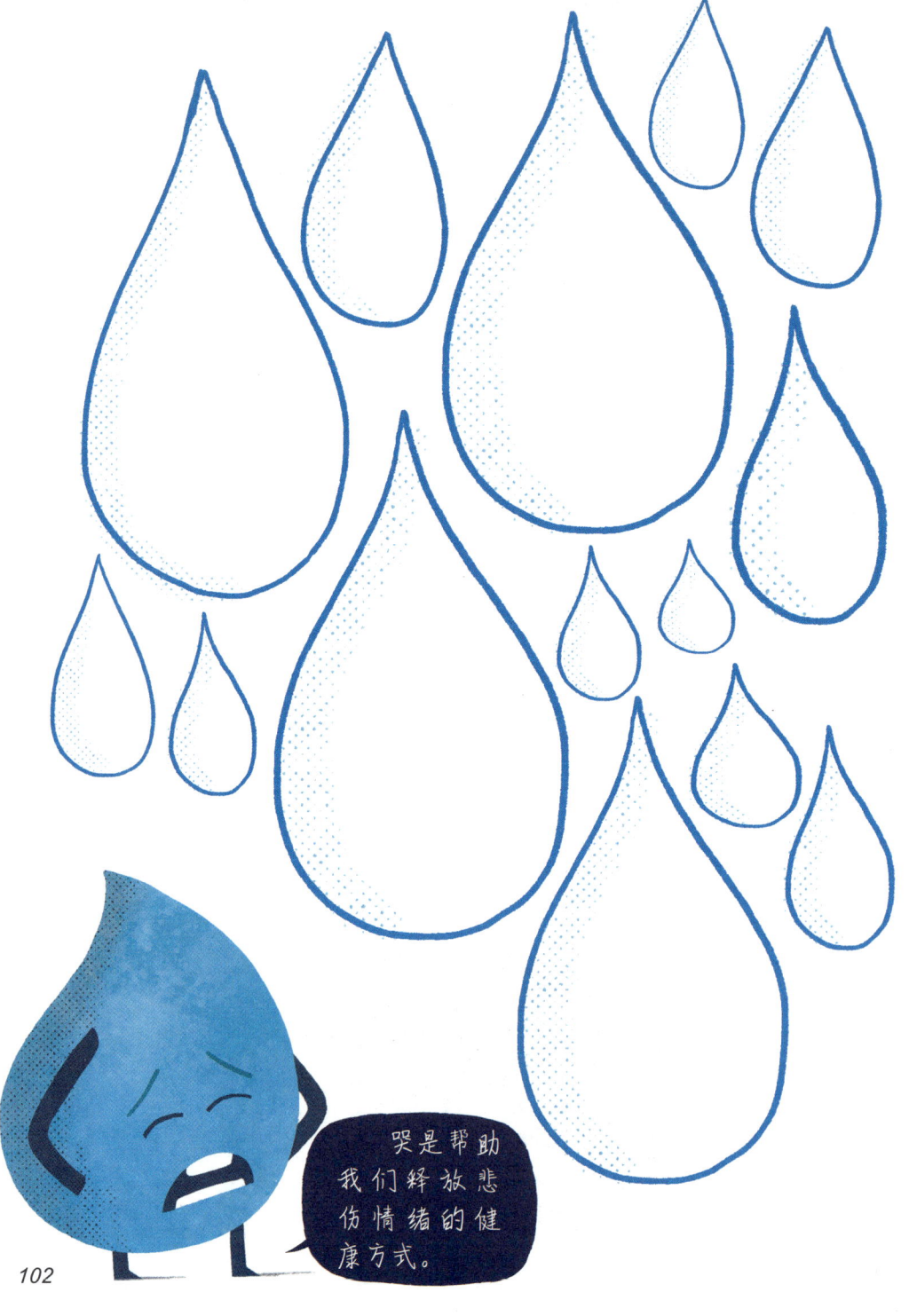

哭是帮助我们释放悲伤情绪的健康方式。

练习6

生活中，有没有哪个人或物能帮你缓解沮丧的情绪呢？

他（它）可能是你的一个朋友、一位家人，甚至一只宠物。在下面的画框中，给他（它）画一张画或者贴上他（它）的照片。

> 想一想他们是如何帮助你的，当你认识的人感到沮丧时，你也可以这样帮助他。

练习 7

听音乐。

听音乐是一种能帮你缓解伤心情绪、了解自己感受的好方式。在你情绪低落的时候,听哪些歌曲会让你感觉好一些呢?把它们写在下面。

那些能缓解我们伤心情绪的歌曲不一定都是开心的歌曲。有时候，伤心的歌曲也会引起我们的共鸣，让我们意识到，其他人也有伤心的时候。

练习 8

记住:悲伤不会永远跟随着你。看看下面这幅画,把这些山想象成悲伤,把远处的太阳想象成幸福。想象着你走过那些黯淡、沉重的情绪,走进光明里。一边想象,一边涂色。

练习 9

深呼吸。

沮丧时,我们的呼吸可能会变得比平时更急促或者不太规律。把一只手放在胸口,数 5 个数,然后深吸一口气。之后,再数 5 个数,缓缓地吐气。重复这个练习 4 次。如果这样做对你有帮助的话,就再用你的手指划着下面的波浪线做做呼吸练习吧。

一边用手指滑向页面顶端,一边吸气;

一边用手指滑向页面底端,一边呼气。

做完这些练习,你感觉如何?有没有平静一点儿?

练习 10

和喜欢的人在一起也能让我们高兴起来。你能安排一次"电影之夜"活动吗？和喜欢的人一起看看电影。在下面的爆米花中，写下那些让你感到开心的电影的名字吧！

练习 11

　　有时候,悲伤的情绪就好像沙滩上的海浪,来来回回的。你可能会为生活中发生的一些事情而感到非常伤心。有那么一会儿,你会觉得自己好了一些,但很快又会变得悲伤。这很正常。试着一边给下面的海浪涂色,一边对自己大声说(或者在心里说):"悲伤总是来来回回。"

练习 12

  我们可以在大自然中找到幸福。只要走出去，我们总能发现一些新的、让人惊喜的东西：美丽的色彩、有趣的形状、生长的万物。摘一朵花、一片树叶或者任何你在大自然中可以找到的东西，把它们画下来或者直接粘贴到下面。

练习 13

曾有人说过让你很伤心的话吗？记住：**即便有人说了这样的话，这也并不代表他们说的就是事实。**在雨伞下面，写一些积极的、能让你变得坚强并感到安全的话。

当某些人说了一些让你伤心的话，这可能和他们当时的情绪有关，而不一定是你的错。

练习 14

有时，伤心时，我们可能还会感到非常孤独，感觉好像全世界只有自己不开心。让我告诉你一个秘密：任何人都会有伤心的时候，哪怕你觉得他看起来一直都是开开心心的。写下那些能让你无所顾忌地与其交谈你的伤心事的朋友的名字吧。

名字

名字

下次见到朋友的时候，你可以问问他们上一次感到伤心是什么时候。

练习 15

当事情没有按计划进行时，我们也会感到难过。可能是这些事情本身出错了，也可能是我们在执行这些计划时犯了错。但是，这种悲伤通常会随着时间的流逝而消失，哪怕我们一开始觉得非常难过。

下次再有事情未按计划进行时，你就把那天的日期还有你当时的感受写到下面的表格里。之后的几个周，你可以隔几天就翻回这里，写下当天的日期以及此时你对这件事情的感受。**随着时间的推移，你有没有发现自己没有那么难过了？**

日期	
日期	
日期	
日期	

日期	
日期	
日期	
日期	
日期	
日期	

练习16

现在,你身边有没有正在伤心的人呢?你可以做些什么来帮助他们呢?在下面写出你的想法。

- 定期与他们联系。
- 和他们一起做些开心的事。

朋友伤心时,有时我们能给予的最好的帮助就是静静地陪伴他们并在他们愿意表达的时候倾听他们的想法。

练习 17

　　运动也能帮你忘却悲伤。试着舒展一下你的身体或者找一位长辈陪你出去散散步。

练习 18

养成一个**积极的晨起习惯**可以帮助你顺利开启新的一天。你的晨起仪式是怎样的呢？吃一顿美美的早餐？对着镜子微笑 30 秒？列出 5 件你觉得可以帮你顺利开启一日生活的事情。

1	
2	
3	
4	
5	

练习 19

悲伤情绪会给我们的身体带来疲惫感。因此,你需要保证自己伤心时能获得足够的休息。试着用一用下面这些小妙招,晚上好好地睡一觉。

早早地关掉身边所有的电子产品。

洗个热水澡。

穿上最舒服的睡衣,抱着自己最喜欢的毛绒娃娃。

读一本让自己感到开心或者平静的书。

练习 20

你知道吗？把自己的感受写出来可以帮助我们睡得更好哦。睡觉前，写一写自己今天的想法和感受吧！

如果你很喜欢写日记，那就准备一个日记本来坚持写吧！

练习 21

哪些颜色会让你感到开心呢?用你的"**开心色彩**"给下面的盒子涂涂色吧,然后试着每天穿一件能让自己开心的颜色的衣服或者搭个这种颜色的配饰。

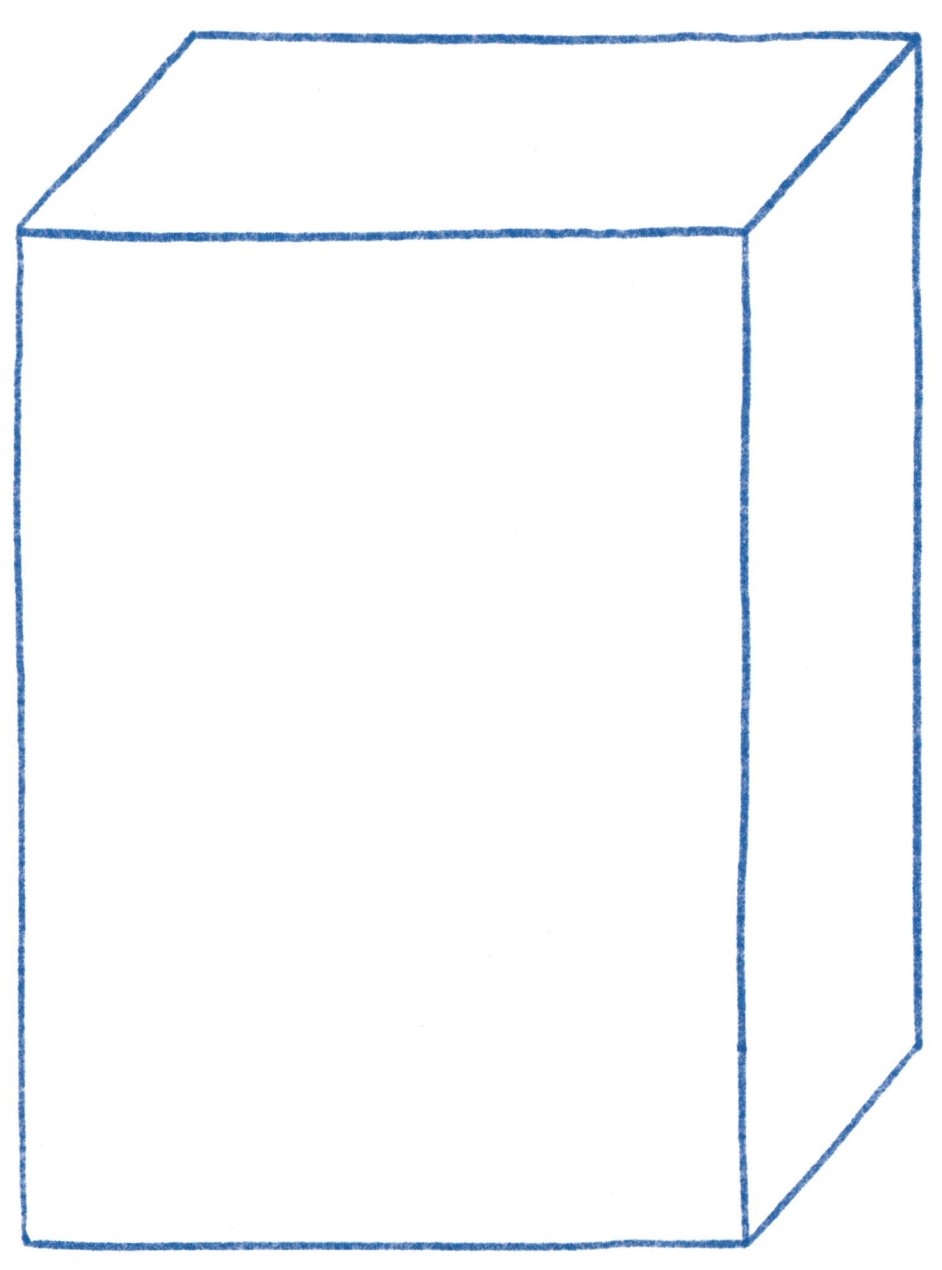

练习 22

请记住：你可以感到伤心，这很正常。

给下面这句话涂色，把它装饰成你喜欢的样子。

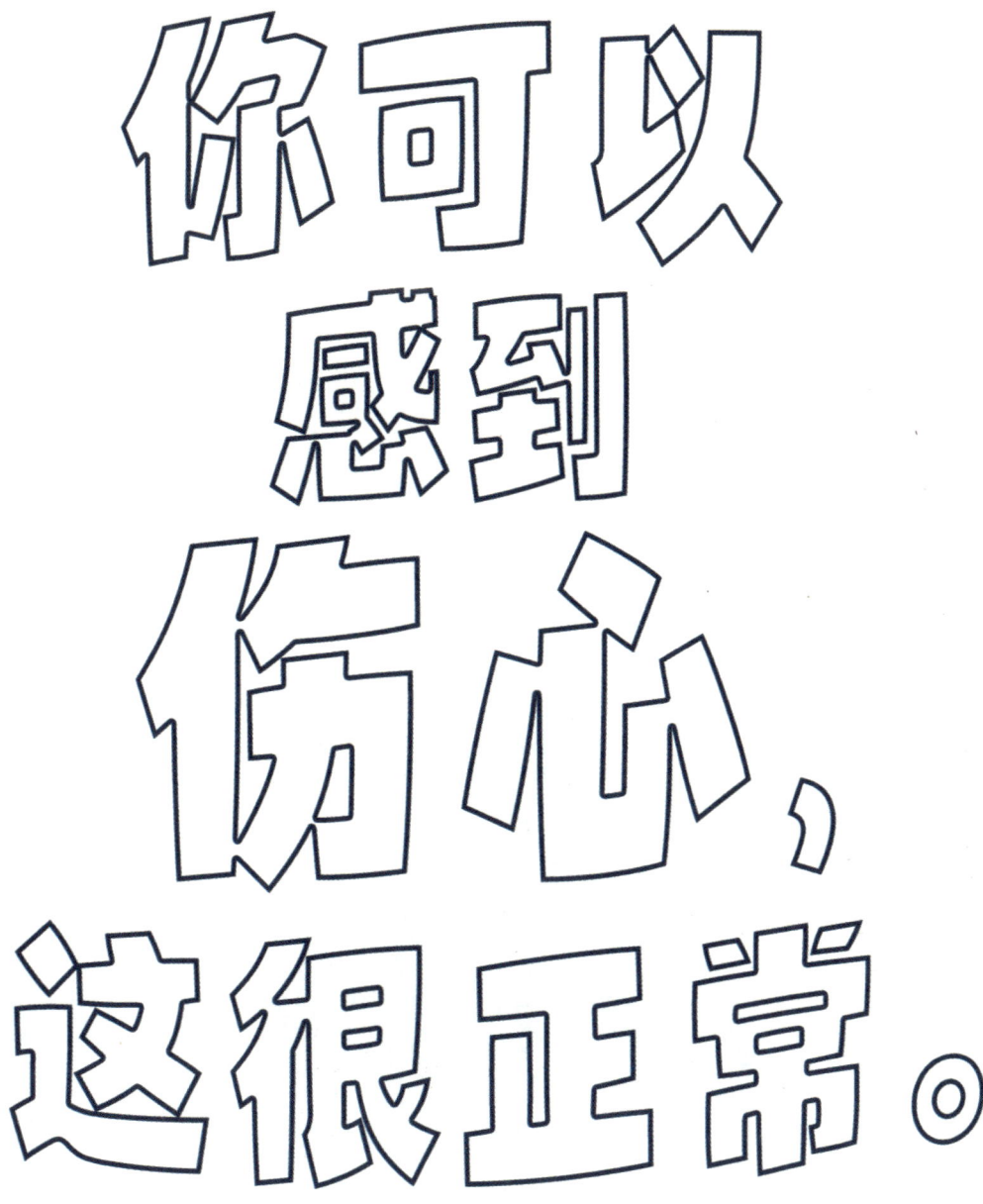

不要忘记……

　　悲伤是一种很正常的情绪，有时会让人感到孤单和害怕。要知道，任何人都会有心情低落的时候。我发现，在感伤的时候，我们不应压抑自己的情绪，而应该借助哭泣和诉说来释放压力。

要点笔记

呜呼，我是兴奋！

我来啦。

哇塞，这种感觉真好！

"砰",我来了!

我会让你感到活力爆棚,让你心跳加速、手舞足蹈,甚至可能会让你满脸通红、双眼瞪圆。因为,我出现时,总是轰轰烈烈!

我通常会在你非常期待的事情发生时出现。比如:过生日的时候收到了一辆新的自行车,和家人一起去参加聚会或者去度假。

我也可能会让你变得很活跃、难以集中注意力。这也会给你带来麻烦。不过,我可能来得快,去得也快。

在你看来兴奋是怎样的呢?
写一写或者画一画吧。

练习 1

你上一次感到十分兴奋是什么时候?

写一写或者画一画那个时刻吧。

你有没有一张记录了你的兴奋状态的照片?也许你应该坚持记录这种时刻。

练习 2

兴奋会给你身体的哪些部位带来变化？给那些区域涂涂色吧。记得，不要忘记画你的脸。如果不知道怎么画，你可以对着镜子做出兴奋的表情。你的眉毛是上扬的还是下垂的？你的嘴巴是张开的还是闭着的呢？

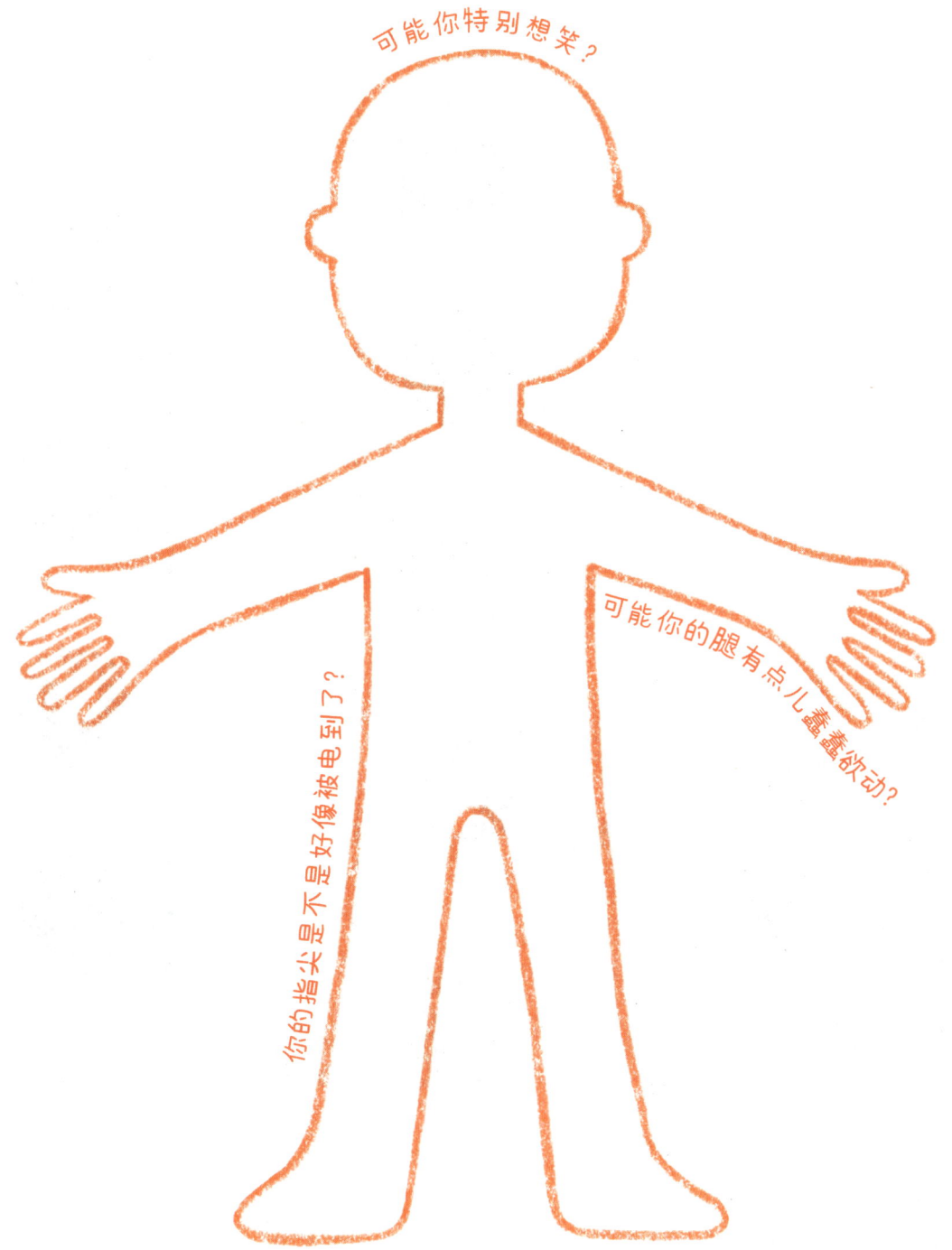

练习 3

给右侧的**兴奋之表**涂色，涂到足以表达你今天有多兴奋的高度。

练习 4

　　有时，我们的兴奋之中还会混杂其他情绪。例如，我们可能会同时感到**兴奋**和**紧张**。你有过这样的体验吗？写一写吧。

你还有过同时体验到兴奋和其他情绪的时刻吗？

练习 5

期待的好事即将发生,这会让你感到兴奋。

有什么让你期待的事情即将发生吗?把这件事写到右下角的方格里。之后,提前 10 天开始倒计时,每天划掉这个迷你日历上的一个方格,来期待这个"大日子"的到来。

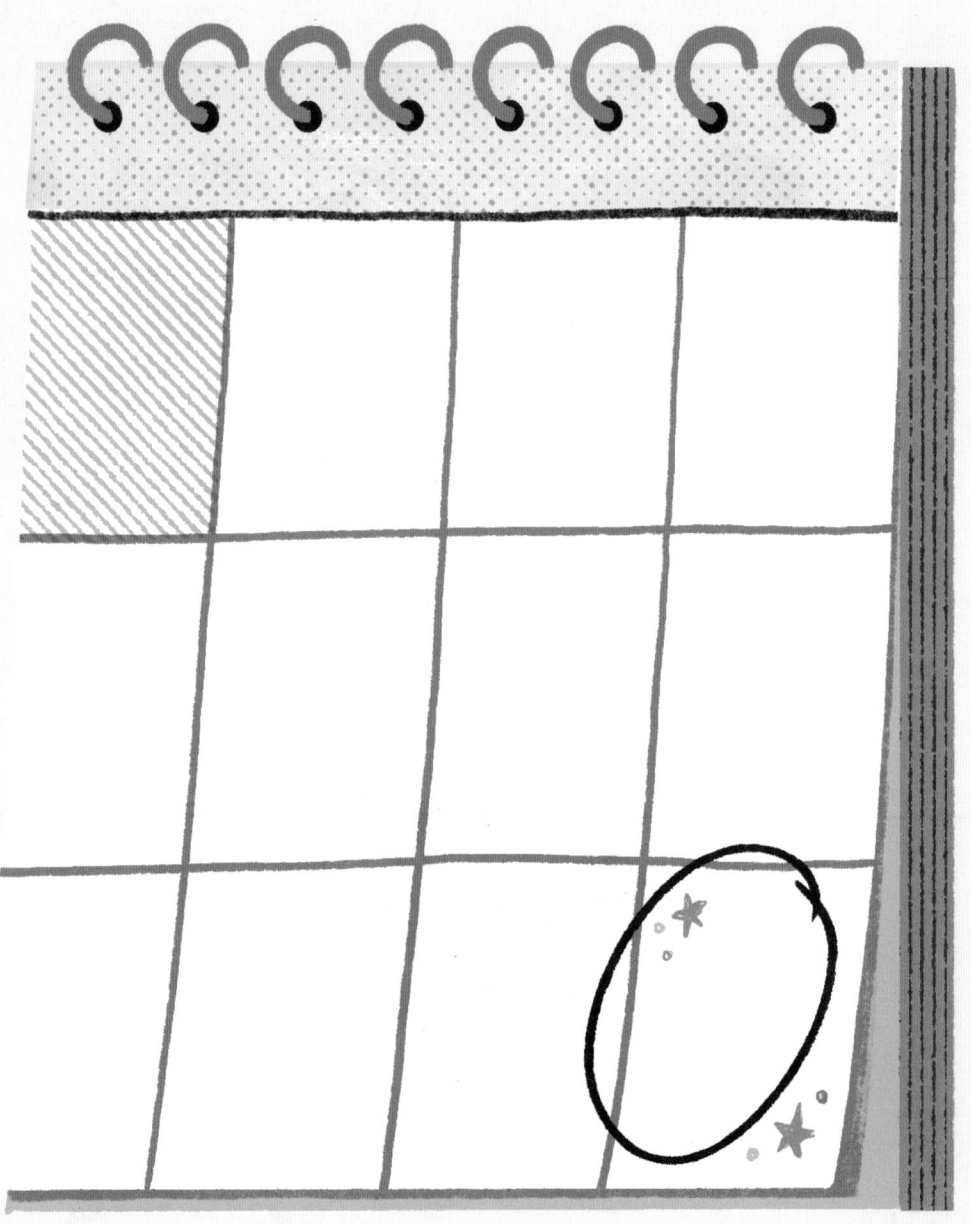

练习 6

当我们的兴奋点都聚焦在某件事情上时，我们可能没法分心去关注其他事情了。

在日历上倒数日子的同时，你还有其他需要关注的事情吗？比如：学校的作业？你正在学习的新技能？把它们写到这个放大镜里吧。

练习 7

为了能够集中注意力,有时需要你把兴奋的情绪收一收。想象着把你所有的兴奋感都填充到下面的热气球里,然后让它慢慢地升过你的头顶。在你需要专注于其他需要完成的事情上时,让热气球带着你的兴奋感在空中荡一会儿。等你完成自己的事情之后,再想象着把它拉下来。用那些让你兴奋的色彩给这个热气球**填色**吧!

练习8

如果兴奋的情绪让你变得有点儿好动,做点肢体运动可以帮你冷静一些。原地跳一跳,把手伸过头顶晃一晃,或者轻轻地摇摆一下身体,可以做任何你想做的动作。现在,选择一个动作,挑战一下自己,看看自己能做多少次。完成后,把结果写到下面的方框里。

练习 9

遇到糟心事时，回想兴奋的事情可以让你好受一些。下面是一个属于你的时间胶囊。在胶囊上写下今天的日期，再在里面画出或者写下所有让你感到兴奋的事情。

下次你觉得自己需要能量时，就回来看看这个时间胶囊。

练习 10

兴奋的时候，我们还会变得没有耐心。然而，耐住性子等待非常重要，也常常能使事情变得更加刺激和令人兴奋。**把手放到下面的耐心测量器**上，闭上眼睛，深呼吸 5 次，并提醒自己：等待美好事情的发生也可以让我们感到满足。

练习11

　　有时，当我们对某件事情感到很兴奋，但身边其他人似乎并没有同样兴奋时，这可能也会让我们感到沮丧。你有过这样的经历吗？你当时的感受如何？在下面的方框里写下你的感受。

练习12

　　传递兴奋是很美好的事。因为，你的热情会感染到其他人，让他们也兴奋起来。在下面的T恤上设计一个能够表达自己兴奋情绪的口号吧！

这些想法供你参考：

练习13

兴奋还能**激发我们的创造力**。当我们有了一个想法,兴奋的情绪会激发我们去实现它。此刻,有让你感到兴奋的想法吗?把它们写到这些灯泡里,让它们随着你的灵感而闪烁吧!

练习14

有时,那些我们为之兴奋的事情最终可能并没有发生,或者会和我们所期待的有出入。这没什么。我们也完全可以为这些不顺利而感到伤心。记住:情绪总是来来去去。写一写或者画一画:你所期待的事情没有实现时,你的感觉如何?

练习15

你有没有担心过,当兴奋的感觉慢慢消逝,你的心情会变得低落。这很正常。一边不断地重复下面这句话,一边在这页纸上涂鸦吧。

兴奋的感觉总是来来去去,这没什么大不了。

练习16

问一下你的家人和朋友什么会让他们感到兴奋。在下面写下他们的名字以及他们的答案。

名字	什么会让他们感到兴奋？

> 当你发现名单上的某个人情绪有点儿低落时，或许你可以提醒他，什么可以让他兴奋起来。

练习17

　　有没有人曾经因为你**太兴奋**了而让你冷静一下？也许在那一刻，你的兴奋对他人来说过于嘈杂或者过于剧烈了。在这里写一写这种时刻。

你有没有被朋友过于兴奋的状态打扰过？下次当你产生这样的感觉时，可以试着回忆一下自己曾经过于兴奋的时刻。这可能会让你更容易理解他人。

练习18

记住：感到兴奋是很正常的，而且我们可以用任何自己喜欢的方式去表达它（要确保不会伤害到其他人）。请给下面的字涂上你喜欢的颜色吧。

兴奋是再自然不过的情绪了。

给你一点儿小灵感!

练习 19

我们都有表达兴奋的独特方式。

有些人兴奋的时候会蹦蹦跳跳,发出很多响声;有些人只会淡淡地微笑,把兴奋放在心里。你是怎样表达自己的兴奋的呢?画一画吧。

练习 20

　　对未来充满期待也能让我们感到兴奋。想一想：在接下来的三个月里，有没有什么让你兴奋的事情会发生？六个月呢？一年呢？把所有会让你感到兴奋的事情都列下来。这样，当你感觉生活过于平淡的时候，它们可以给你的生活增添一点儿色彩。

不要忘记……

我们可能在大多数日子里都处于兴奋状态吗？这也是有可能的。比如，我喜欢创作，所以每当我做一个项目——不论是写作还是画画——我总会变得非常兴奋。当然，并不是我身边的每个人都能理解我或与我感同身受，但这并不会影响我的情绪。我们都有能让自己感到兴奋的独特的事情，这使得我们的生活变得丰富、有趣。如果你很少感到兴奋，那你可能需要做更多的尝试才能发现什么可以让你充满活力。

或许是培养一个新爱好？或者是列一个冒险计划？记得，这没有任何限制。你可以尽情去寻找让自己感到兴奋的事情。

要点笔记

啊,我的天!
我,哈喽,我是

担忧。

啊,我又来了!

还是我。很抱歉，我又来了。

我可能会让你心跳加速。

当你为一些已经发生或者可能发生的事情发愁时，我就会出现。我会在你睡觉前想起那些关于黑夜的恐怖故事时出现；或者当你要考试时，我可能会是你早上起床后需要面对的第一件事。我会让你大脑一片空白，不能专注于任何事情。更可怕的是，我会让你对自己的想法感到不确定，质疑自己的选择，并让你觉得自己什么都做不了。我真的很抱歉，但这就是我。

但是，我也有积极的一面！我可以让你意识到有些事情对你而言真的很重要。而且，如果你能搞清楚我为什么会出现，我可能会让你意识到危险的存在或者在你需要的时候给你动力。你完全不需要担心我的存在；你只需要专注于自己当下要做的事情即可。

担忧在你看来是怎样的呢？
写一写或者画一画。

练习 1

你上一次感到担忧是什么时候呢?

你当时在担心什么?

练习 2

你身体的哪些部位会感受到担忧呢?给那些区域涂涂色吧。记得,不要忘记画你的脸。如果不知道怎么画,你可以对着镜子做出担忧的表情。你的眉毛是上扬的还是下垂的?你的嘴巴是大大的还是小小的呢?

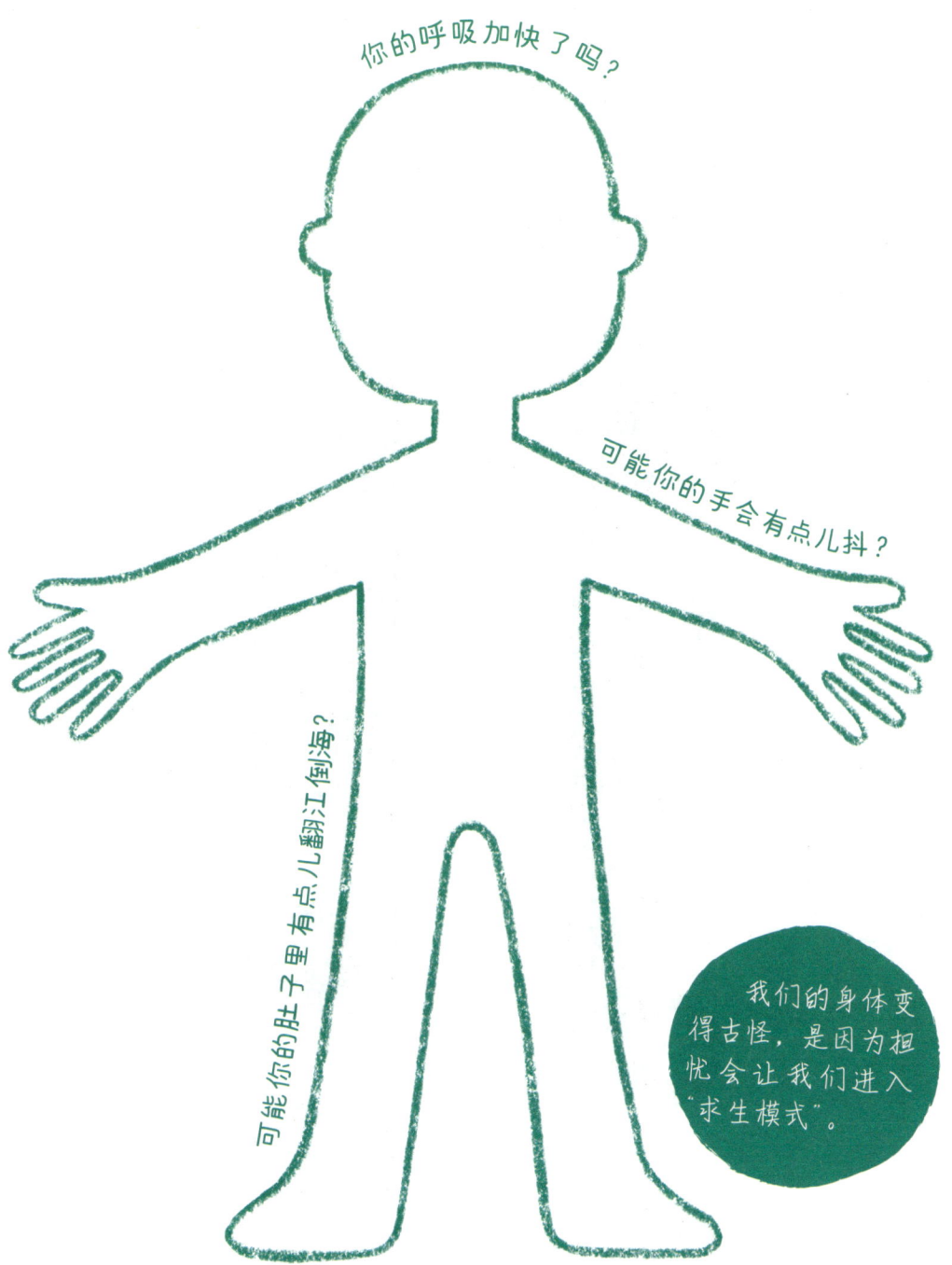

练习3

这一刻你在担忧什么吗?给担忧之表涂色来表明你的担忧程度。涂到顶部说明今天有让你非常担忧的事情,而涂色接近底部则说明今天并没有让你特别担忧的事情。

练习 4

你曾有过让你非常担心的事情吗？当时有没有什么能帮你减轻担忧呢？把当时对你有帮助的事物写到下面的等式中。

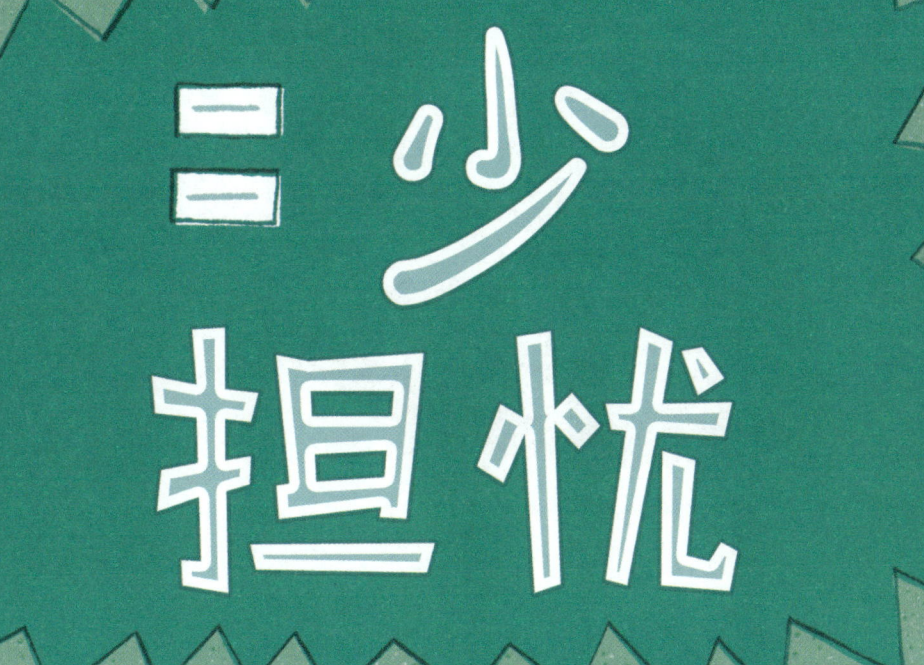

练习 5

专注于当下。

我们很容易为那些发生过或者未来会发生的事情而担忧。这很正常。但是，专注于当下能更好地让我们的思绪慢下来，以防我们被那些担忧淹没。

闭上眼睛，专注地去感受周围的事物。你闻到了什么？你听到了什么？你觉得热还是冷，还是刚刚好呢？让你的思绪舒缓下来，直到完全放松。

如果你感觉难以静下心来做这些，可以试试下面这个此刻按钮。把一只手放在上面，然后闭上眼睛，数5个数，深吸一口气，再数5个数，慢慢地呼气；做这个练习的时候，要专注于这一刻，不去想过去和未来。

练习 6

另一个感受当下的方式是放慢你的大脑。静坐上 1~2 分钟，留意所有飘过你大脑的想法，就像看着那些飘向空中的泡泡。试着把所有想法都记到下面这些泡泡里。

练习 7

做完练习 6，写下所有的想法后，再来做做练习 7。当前面写下的某个想法闪过你的大脑时，你可以盯着那个写有这个想法的泡泡，想象着它飘走了。你可以持续这个练习，直到你不想做了为止，然后留意一下你的大脑有没有变慢一些。你可以一边想象着这些担忧慢慢地飘走了，一边给下面的这些泡泡涂色。

练习 8

可以试着分步来解决你正在担忧的某件事情。

选择一件你正在担忧的事情写到下面的房子里。然后，沿着这些脚印，在旁边写下可以采用的分步的解决方案，来缓解自己的担忧。

练习9

有时候我们会没来由地感到有一点儿担忧。

有时候,我们也不知道为什么会担忧,这也很正常。给下面这句话涂涂色吧。

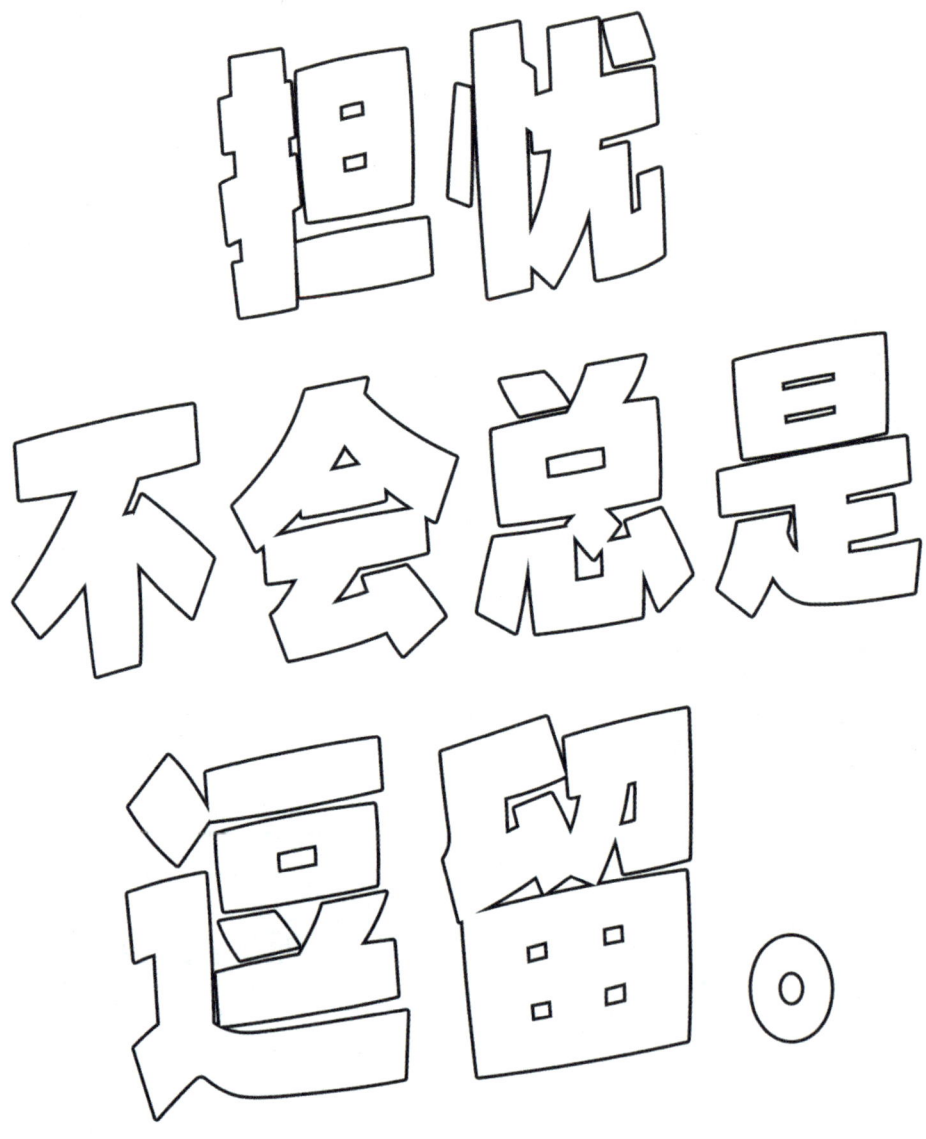

担忧不会总是逗留。

担忧
不会总是
逗留。

练习 10

有时,我们会为一些不太可能发生的事情感到担忧。我们会有很疯狂的想法!你有过这样的体验吗?写一件你担心的事情。然后用**担忧测量表**标记出这个事情真正发生的可能性有多高:1 表示这个事情不可能发生,10 表示这个事情很有可能发生。

有时候,我们会因为一些无法预测的事情而感到担忧。如果你正在担忧一些可能会发生的事情,可以试着做一个日历,在上面写一写、画一画自己的想法。这有助于你更直观地了解自己的想法。

练习 11

　　我们可以尝试通过这些方法来放空大脑。例如：可以看一看窗外的天空，那里有云朵吗？云朵是不是在不断地变换着形态飘来飘去？今天的天蓝吗？

　　花五分钟，就这样静静地坐在那里看着天空在你的眼前变幻。在你悠闲地看着天空的同时，把闪过你脑海的东西画下来。

感到担忧时,我们的身体也会变得紧张。在看天空的同时,你也可以下意识地收紧全身的肌肉并倒数10个数。然后,再放松你的身体,让身体变得像布娃娃一样软绵绵的。这样可以缓解身体的紧张感,让你真正放松下来。

练习 12

有时，我们感觉被担忧压得喘不动气，但其实就如我们自己也只是广阔太阳系中的一个小星球上小得不能再小的人一样，担忧也只是我们复杂情绪中很小的一部分。

先在右边的方框中写下一件你正在担忧的事情，然后把你的名字写在下面绿色的方框中。再给地球和太阳系中所有其他的星球涂上颜色。你的担忧看起来是不是变小了？

练习 13

有时，我们担忧的事情背后可能隐藏着深层的原因。要搞清楚这些深层的恐惧通常需要很多时间，回答下面这些问题或许可以帮你找到答案。

> 以后，你再感到担忧时，可以回到这页，再来做做这个练习。你可能会逐渐发现其中的规律。

1. 你今天在担忧什么？

2. 为什么你会有这样的担忧？

3. 如果你担忧的事情发生了会怎样？

4. 你真的觉得这个事情会发生吗？

练习 14

记得,担忧无错。

给下面的句子涂涂色吧。

练习 15

做完练习 13，你觉得自己内心深处真正担忧的是什么？选一选或者写一写吧。

在这里写下你内心深处真正担忧的事情。

你会变得孤单。

你会搞砸一些事情。

你会被别人厌弃。

你会变得不好。

练习 16

我们在担忧某件事情时，往往会有不理智的想法。在表格的左边写下你担忧某件事时的想法。在右边写下那些可以帮你克服这些担忧的想法。

担忧时的想法	理智时的想法
我很担心学校的测验……	我会尽我所能去准备测验。这样，不论最终结果怎么样，我都为自己感到骄傲。

练习 17

　　记住：不要太在乎别人对你的评价。你就是你，**独特的你**。在这里，**为自己喝彩**，为自己的个性喝彩。在这个水母的触角上写出自己的独特之处。

> 如果你无法填满所有的触须，你可以问一问你的朋友和家人，你有哪些独特之处。他们肯定可以说很多！

练习 18

有时我们很难开口与人诉说自己的担忧。但事实是，和信任的人倾诉，有利于缓解我们的担忧。想想看，你可以和谁倾诉你的担忧呢？写下他们的名字或者把他们画下来吧。

当别人跟你诉说他们的担忧时，倾听就是一种强有力的回应。

练习 19

有时我们会觉得自己好像被担忧掌控了。它让我们睡不着觉,让我们不敢尝试新东西,让我们觉得自己很渺小。这个时候,我们可以告诉自己,这些可能都只是我们的想象而已。给下面这句话涂涂色吧。

练习 20

担忧可能会让你失眠。试着练习一下下面的记忆游戏,来放松大脑。先记住列表里的这些东西,然后入睡的时候,在脑海里按照正确的顺序回忆一遍这个列表。

你的入睡记忆列表

> 这种记忆类游戏可以帮助我们的大脑不去想那些令我们担忧的事情。

练习 21

这是你的担忧列表。

你可以在睡觉前将担忧的事情写下来,然后合上书不去想它们,安心地休息。等你准备好迎接新一天的到来时再打开看看,或许会有不一样的发现。

不要忘记……

担忧是我们生活的一部分。我知道自己是个有点儿容易担忧的人,所以每当察觉到自己过于担心一些事情时,我就会提醒自己放慢脚步或者停一停。

担忧本身没有问题。但如果你一整天都忧心忡忡,那可能就要找下原因了。

我通常会先问自己,我的担忧是否合理,或者我所担忧的事情是不是真的会发生。我的答案有时是否定的,有时是肯定的,这都很正常。当得到肯定答案的时候,我会尝试做些什么来缓解自己担忧的情绪。比如,我会尝试用积极的心态去考虑事情,这样担忧很快就会消失了。

要点笔记

嗨，各位，我是，呃，孤单。

我一直都很安静并且有点儿害羞。

　　我也会让你变得安静和害羞，让你觉得自己无依无靠。真的，这是我特别擅长的事情。我会让你觉得除了自己其他所有人都很快乐；会让你觉得这世上没有人在乎你。当你和朋友吵完架谁都不理谁，或者你爱的人不在家，又或者你到了一个不熟悉的地方，我就会悄悄溜进你的心里。我会带走你的能量，让你总是低着头。当你觉得自己无法融入集体、无法和身边的人打成一片的时候，我也会出现。

　　虽然有时你会感到很孤单，但其实你的身边有人在关心、关注着你。只要有一个朋友、家人或者老师关心你，我就会立刻离开。当你把注意力都放在那些爱你的人身上时，我通常也就会离开你去寻找新目标了。

　　孤单在你看来是怎样的呢？
在下面写一写或者画一画。

练习 1

你感受过孤单吗?

如果有,把相关的经历写一写、画一画。

之所以有时你会感到难过,是因为你有点儿孤单。试着想一想什么事曾让你感到难过,看看孤单是不是也伴随其中。

练习2

孤单对你的身体有什么影响?在下面把那些有反应的部位涂出来。记得,不要忘记画你的脸。如果不知道怎么画,你可以对着镜子做出孤单的表情来参照。它看起来可能和难过的表情很像。

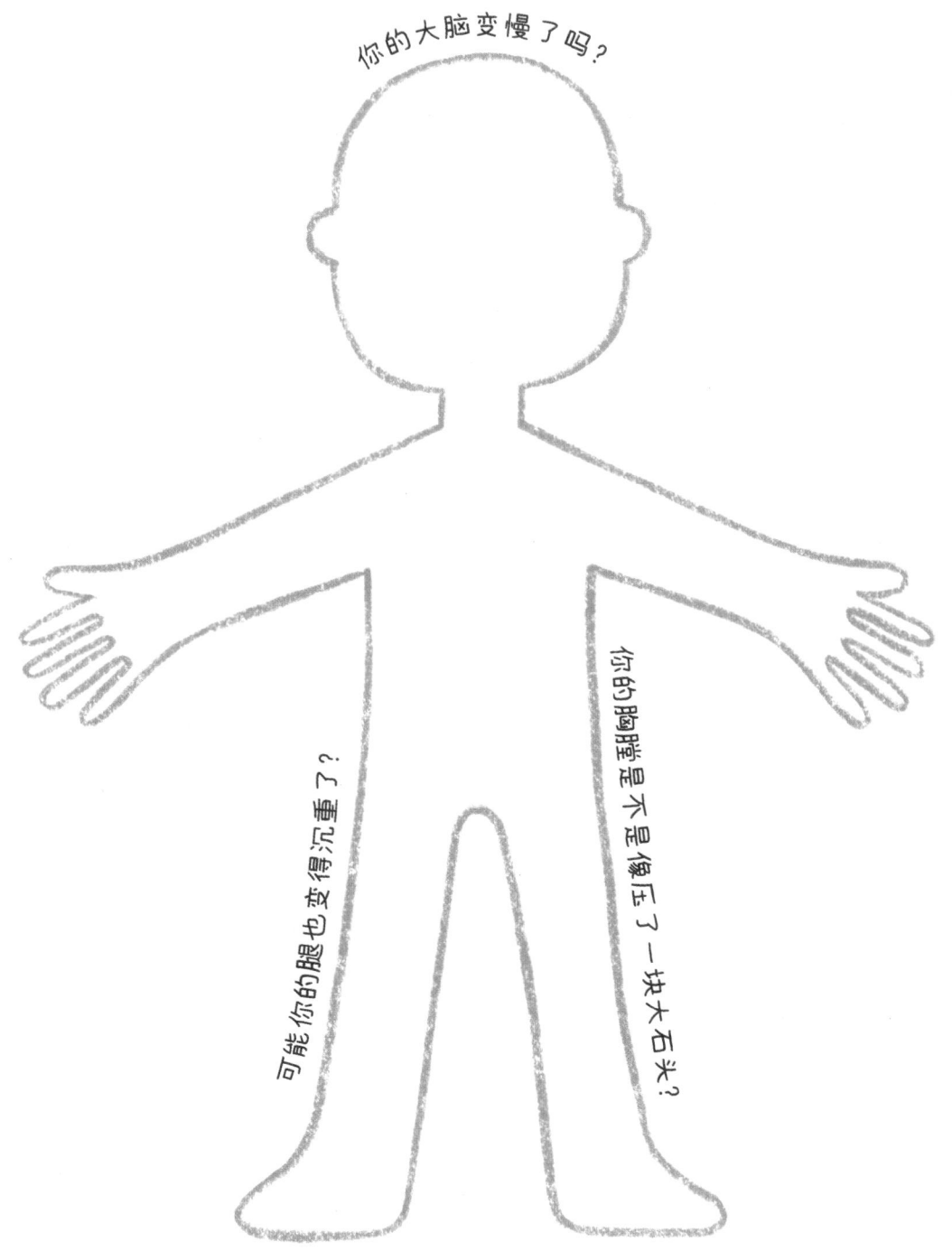

练习3

你有过自己被别人冷落的感受吗?

如果有,你为什么觉得自己被冷落了呢?被冷落的处境特别容易让人产生孤独感。你知道大家为什么会冷落你吗?**记住:这些都只是你个人的想法,不一定就是真实的。**

练习 4

被大家冷落的感受是怎样的呢?

你的回答没有对错。孤单是很奇怪的情绪,带给每个人的感受也不一样。

练习 5

那些冷落别人的人往往也有自己的情绪困扰。他们或许正为自己生活中的某些事感到烦恼,或许正在担心什么事情,所以表现得不太友好。回头看一看你在练习 3 中给出的答案,现在你还认同这个答案吗?对此你有什么感受呢?

练习 6

如果有人对你不太友好,你需要表达出你对他们这种行为的感受。给那些曾经在行为或言语上让你伤心的人写一封信,让他们理解你的感受。

> 这只是个练习,你不用真的把信拿给对方看(或给任何其他人看)。不过,即使只是把这些写出来,也可以让你感觉好一些。

亲爱的……

练习 7

对那些曾经让你伤心的人表达你的感受需要很大的勇气。

下图展示的是你的勇气披风。根据你的喜好给它涂色，装饰它。下次再遇到那些令你伤心的人时，你可以想象自己披上了勇气披风。它会让你敢于做自己，做百分百的自己，并给你勇气去坦诚地和那些伤害你的人表达你的感受。

练习 8

　　在尝试入睡的时候,我们可能也会感到孤单。在下面画一画你在家中舒舒服服地躺在自己床上的情景,再在旁边画出你的爸爸妈妈或者其他家人躺在他们自己床上的情景。想想看,虽然你独自睡在床上,但家人们离你并不远。

练习9

　　有时我们觉得被孤立了,是因为有人把我们当成了另类。但我要告诉你一个小秘密:其实我们每个人都是与众不同的,这再正常不过了!事实上,这简直太棒了!所有让你成为"你"的那些特别之处都是你的超能量。

试着想想那些你擅长的事情，比如学业、某项运动或者其他爱好。也许你是一个很棒的倾听者，又或许，大家好像都很信任你，愿意把他们的小秘密告诉你。

也许你总是很愿意去尝试新事物或者一直很勤奋地在工作。

另外，你是不是总能看到事情积极的一面，或者总在尝试去发现快乐？不论是什么，这就是你，美好的你。

练习 10

　　有时我们感到孤单,是因为觉得没有人理解我们的想法或感受。在这一页的中间写下你的名字,想想和哪些人聊天会让你感到开心和安全,然后把他们的名字写在你名字的周围。画上小小的链条把这些名字都连接起来,想象它们变成了坚不可摧的纽带,让你们的关系变得更加牢固。

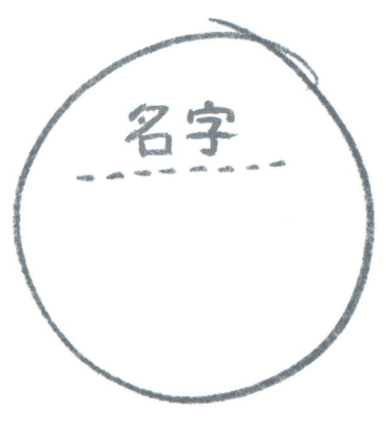

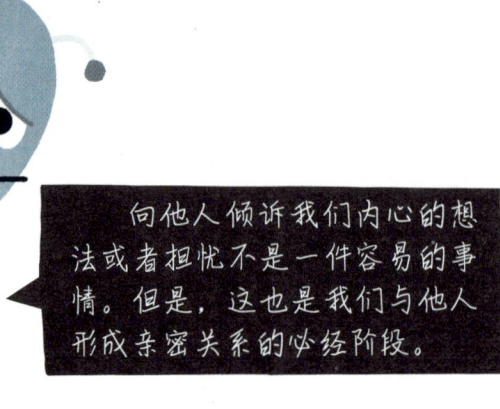

向他人倾诉我们内心的想法或者担忧不是一件容易的事情。但是,这也是我们与他人形成亲密关系的必经阶段。

练习 11

　　我们还会在和他人进行比较时感到失落、孤单。记住：即使别人拥有更多的朋友或者更多的东西，亦或更擅长做某些事情，也并不代表他就一定比你优秀。认真观察自己手指上独特的纹路。把这些纹路印到下面的手指上并提醒自己：我非常独特而美好。

练习 12

即便和许多人待在一起，我们仍然可能会感到孤单。

孤单不在于你和多少人待在一起，而在于你自己的感受。你和别人在一起的时候会感到害羞或紧张吗？如果会，那你是因为什么而感到害羞或紧张呢？

练习 13

我们也可以一个人待着却完全不觉得孤单。

事实上,一个人待着也可以很美好,因为这给了我们反思、休息以及感受平静的时间。你喜欢一个人待着吗?在你独自待着的时候,你最喜欢干什么?

练习 14

生活中总有人在爱着我们并作为我们的"啦啦队"给我们加油打气。他们可能是我们的家人,也可能是我们最亲爱的朋友。写下他们的名字或者把他们画下来。是什么让他们这么特别呢?

我的"啦啦队"成员有:

他们成为我的"啦啦队"是因为:

你的"啦啦队"成员会和你说些什么?或者帮你做什么?这让你感觉如何?

在这里给你的"啦啦队"画一幅画。

练习 15

　　你的周围有没有很孤单的人呢？他可能是你的同学，也可能是一位年迈的邻居。写下他们的名字，并给他们画一幅画。

你可以做些什么来给他们加油打气呢？

练习 16

有没有哪个特别的地方总能让你感到平静、舒适和安全呢？闭上眼睛，想象你就在那里。去感受那些小细节——你能听到、感觉到、闻到和尝到什么？写一写或者画一画你的感受。

练习 17

我们每个人都期许着在生活中找到自己能够归属的那个小团体：一群理解我们、让我们感觉最好的人。你找到你的小团体了吗？给下面的句子涂上喜欢的颜色。

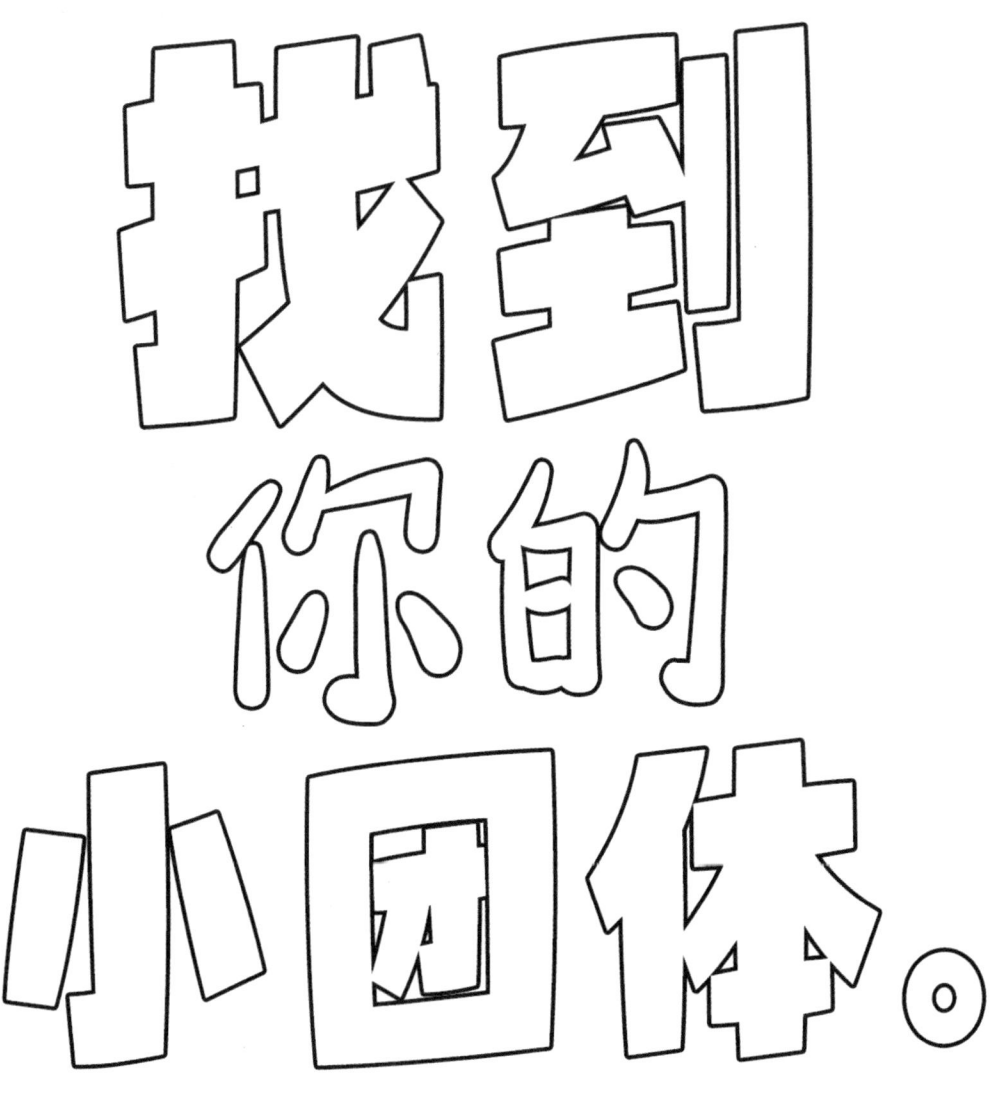

找到你的小团体。

如果你还没找到自己的小团体,请不用担心,它一定在哪里等着你!坚持做自己,坚持做自己喜欢的事情,你就一定能找到它。

练习 18

孤单有时还会给我们带来失落感。

有时候,你会觉得很想哭或者感觉情绪非常低落。但一切最终都会过去,在失落的时候,你可以在下面这个百宝箱里填满那些能让你感到开心、能和周围事物产生联结的东西。

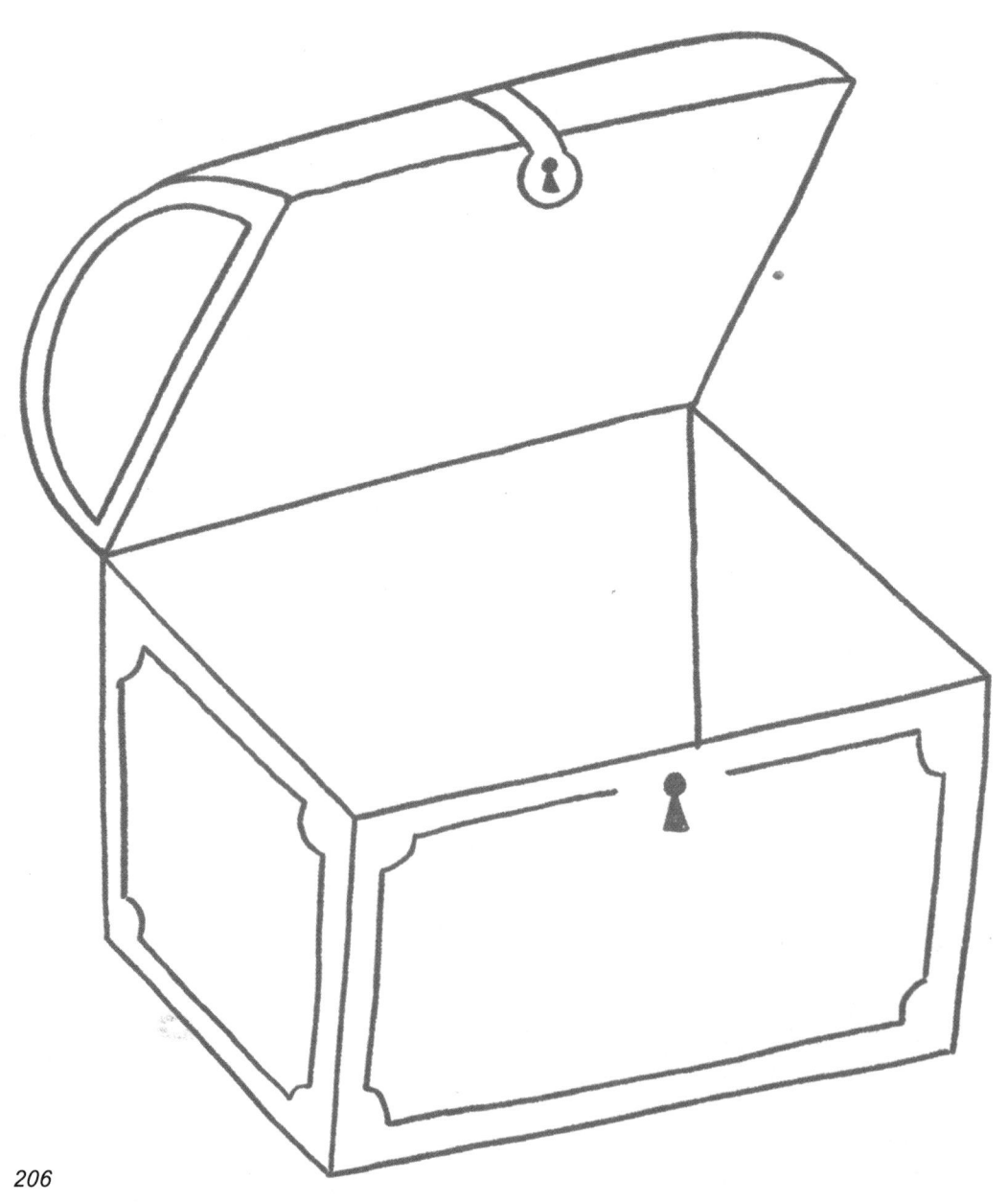

练习 19

记住：感到孤单很正常，这总会过去。

给下面这句话涂色。

> 如果你长时间地感到孤单，并且已经难以承受或者有越来越严重的倾向，不妨找你信赖的人聊一聊。

不要忘记……

即便我们有时会感到孤单，也不代表我们真的就孤零零的。孤单通常反映的是我们情绪的一种状态，而不是现实的状况。我们很容易把注意力放到一些错误的人身上，而忽略那些真正爱我们的人。我会试着只和那些真心在意我的人在一起。

幸运的是，即便一个人独处，我们也可以通过打电话与朋友或家人联系。还有一件让人兴奋的事，那就是生活中我们总能交到新朋友。我们随时欢迎新朋友走进我们的生活。

要点笔记

著者 | 菲尔恩·科顿

  菲尔恩·科顿是英国著名播音员，也是品牌"幸福之家"的创始人。该品牌缘于菲尔恩出版的第一本书《幸福》。这本书出版于2017年，当年就被《泰晤士日报》列为畅销书并斩获尼尔森畅销书银奖。继该书之后，菲尔恩又撰写了关于积极幸福的一系列图书。《幸福》一书也为她于2018年开启的播客节目《幸福之家》奠定了基础。该播客的嘉宾包括埃利·古尔丁、希拉里·罗德姆·克林顿、贾达·萍克·史密斯等人。

译者 | 白红红

  荷兰乌特列支大学博士，现全职工作于荷兰内梅亨大学（Radboud University Nijmegen），2021—2023年曾在清华大学心理学系、清华大学脑与智能实验室儿童认知研究中心开展博士后研究工作，是2021年国家"博士后国际交流计划"引进项目（第二批）入选者。

致　谢

我衷心感谢企鹅兰登出版社给我机会来撰写这本书。谢谢霍利·哈里和阿梅莉亚·利恩，他们俩几乎立刻就明白了我的想法，并且都相当热忱地期盼这本书的出版。谢谢本·休斯帮忙创作了这一本令我骄傲的书。因为有了他的专业指导和建议，我们才得以给读者构建这些美好的、清晰的而且很有趣的内容。谢谢罗兹·艾维斯，感谢他创造了那么独特和动人的人物形象；谢谢尼克&洛工作室的爱玛·韦尔斯，谢谢你那些能帮助孩子认真地完成这本书并沉浸到每个想法中的独特设计。谢谢皮帕·肖、杰米·泰勒、克莱尔·戴维斯、克洛艾·帕金森、菲比·威廉斯、玛丽·贝凯特以及企鹅兰登团队的所有人。谢谢临床心理学家乔·米勒博士，谢谢你为这本书提供的专家建议。我实在太喜欢我们的情绪小家庭了。

谢谢和我一样对这本书热爱到忘乎所以的阿曼达·哈里斯。阿曼达，你总是鼓励我去尝试新的想法，帮助我在事业上持续地发展。谢谢霍利·博特、罗玛·拜格和萨拉·怀特，谢谢你们持续地为我提供支持。工作上，你们是最团结、最才华横溢的团队；生活上，你们也是我最棒的伙伴。有你们，我感到很幸运。

谢谢杰斯、阿瑟、洛拉、雷克斯还有霍尼，谢谢你们在我有了一个疯狂的想法并且付诸行动的时候，对我保有耐心。阿瑟——很抱歉在你的房间里留下了无数的便利贴和笔记，并在疫情封闭期间将它变成了办公室。我保证我很快就会把它清理干净。谢谢你们，我的四个宝贝，是你们每天都教会我一点儿东西。看你们如何表现和表达自己的情绪已经成为我最重要的功课，而我直到现在还一直在学习。这让我得以更近距离地观察生活中自己的反应，也让我得以全身心地投入和探索这个新的项目。我爱你们。

最后，谢谢你，我的读者，谢谢你选择了这本书。不论你是孩子，还是家长，抑或是其他的看护者，在情绪上，我们有许多可以相互学习的地方。我们花越多的时间来管理情绪，我们就越能更好地面对我们疯狂的、混乱的、独特的生活。让我们一起持续地探索我们的情绪吧！

要点笔记

要点笔记

要点笔记

要点笔记

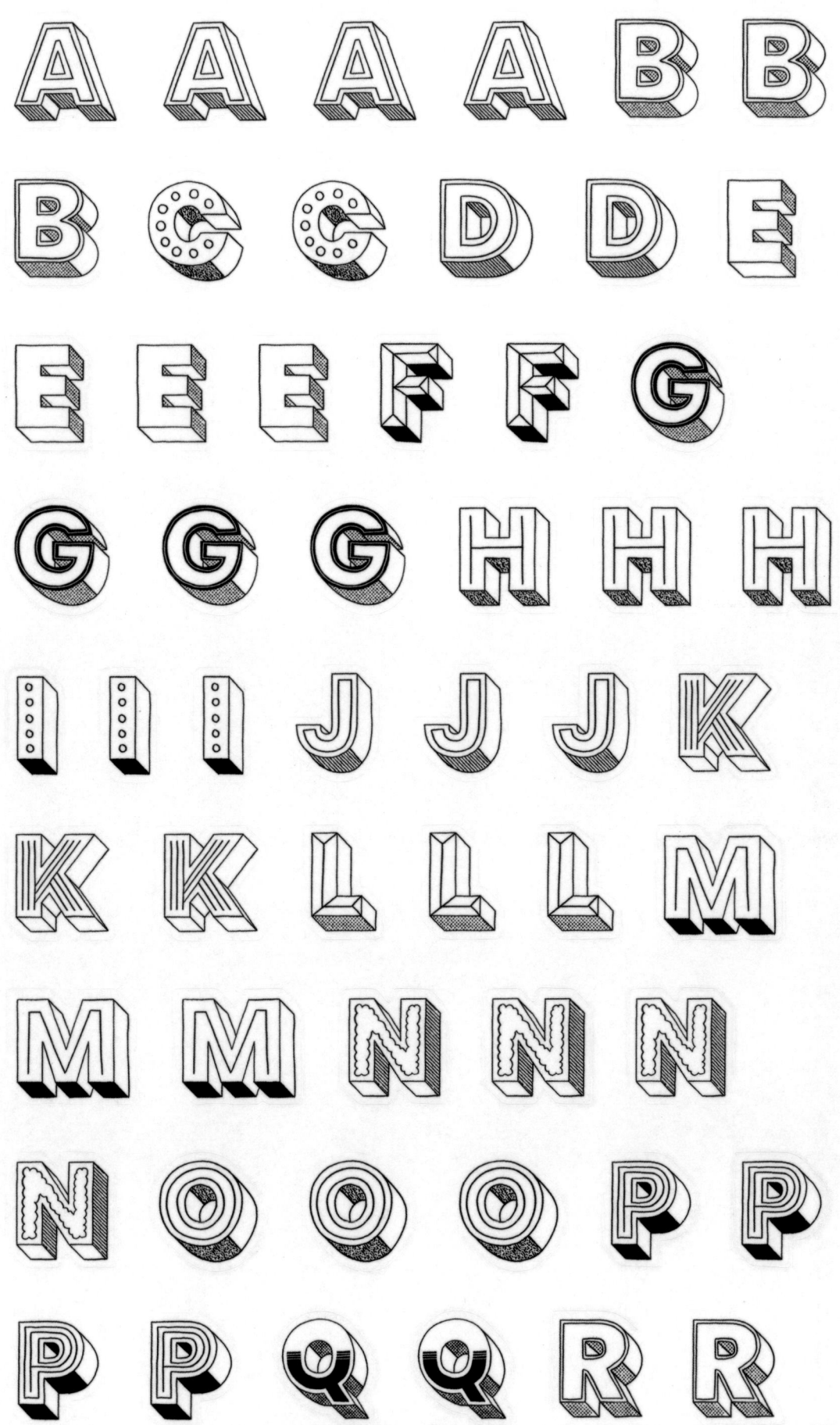

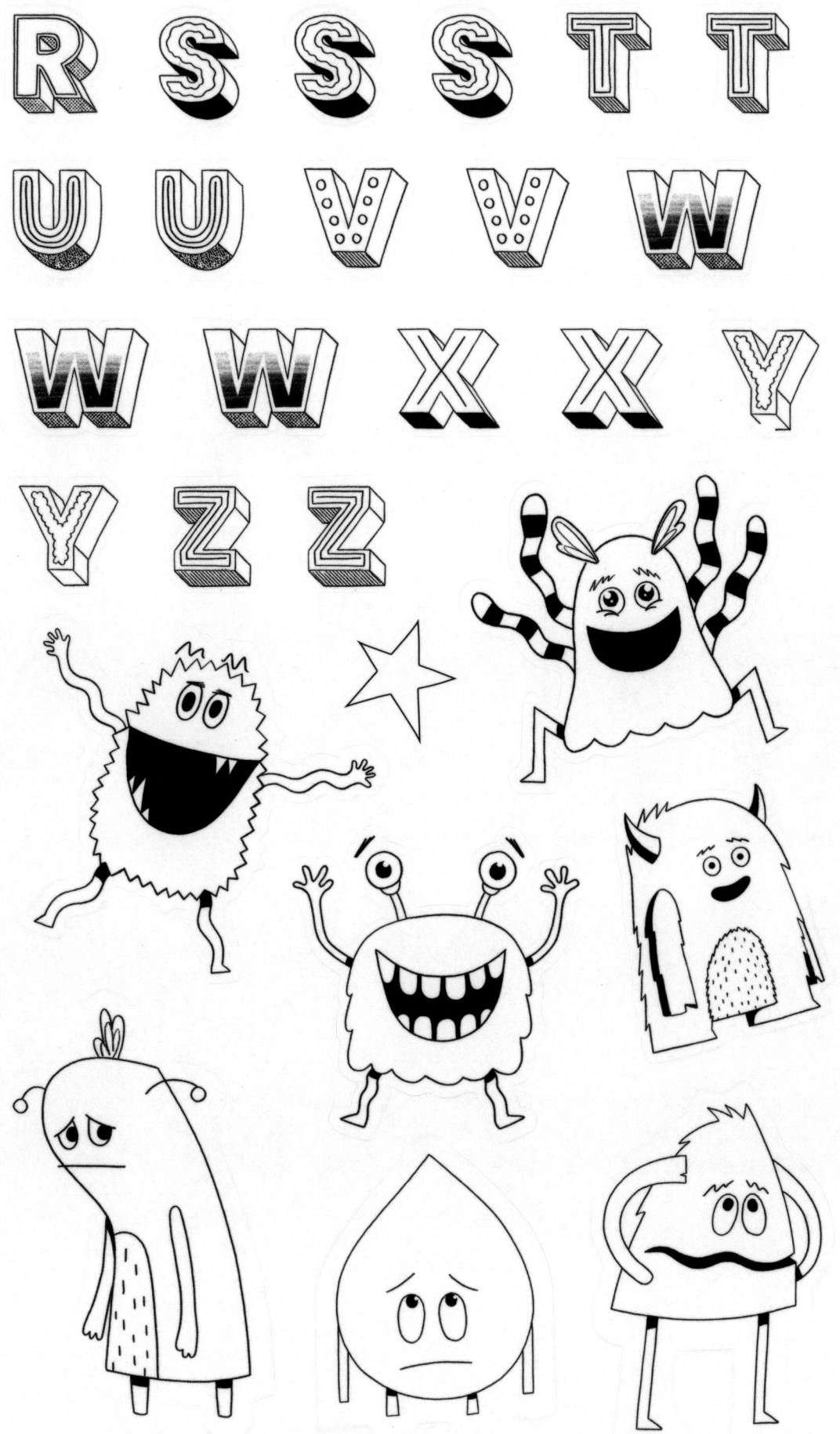

要点笔记